基于水环境质量的太湖流域典型区域重点行业排污许可限值核定方法研究

黄夏银 逄 敏 田爱军◎主编

U0395295

河海大学出版社
HOHAI UNIVERSITY PRESS

·南京·

图书在版编目（C I P）数据

基于水环境质量的太湖流域典型区域重点行业排污许
可限值核定方法研究／黄夏银，逄敏，田爱军主编. --
南京：河海大学出版社，2023.10
ISBN 978-7-5630-7661-1

Ⅰ. ①基… Ⅱ. ①黄… ②逄… ③田… Ⅲ. ①太湖－
流域－湖泊污染－污染物排放标准－研究 Ⅳ. ①X524

中国国家版本馆 CIP 数据核字（2023）第 185725 号

书　　名	基于水环境质量的太湖流域典型区域重点行业排污许可限值核定方法研究
	JIYU SHUIHUANJING ZHILIANG DE TAIHU LIUYU DIANXING QUYU ZHONGDIAN HANGYE PAIWU XUKE XIANZHI HEDING FANGFA YANJIU
书　　号	ISBN 978-7-5630-7661-1
责任编辑	张心怡
责任校对	金　怡
封面设计	徐娟娟
出版发行	河海大学出版社
地　　址	南京市西康路 1 号（邮编：210098）
电　　话	（025）83737852（总编室）
	（025）83722833（营销部）
经　　销	江苏省新华发行集团有限公司
排　　版	南京布克文化发展有限公司
印　　刷	广东虎彩云印刷有限公司
开　　本	718 毫米×1000 毫米　1/16
印　　张	16.5
字　　数	320 千字
版　　次	2023 年 10 月第 1 版
印　　次	2023 年 10 月第 1 次印刷
定　　价	92.00 元

编 委 会

主　　编：黄夏银　逄　敏　田爱军

参编人员：施芊芸　陈志琦　高海龙

　　　　　　胡祉冰　江野立　张　蕾

　　　　　　巫　丹

目录

Contents

第一章

概述

1.1 太湖流域概况

1.1.1 太湖流域概况

太湖流域地处长江三角洲南翼,北抵长江,东临东海,南滨钱塘江,西以天目山、茅山为界。流域总面积3.69万平方公里(数据出自:水利部太湖流域管理局官网),行政区划分属江苏、浙江、上海和安徽三省一市。太湖流域地形特点为周边高、中间低,西部高、东部低。

太湖流域属北亚热带和中亚热带气候区,具有明显的亚热带季风气候特征,流域气候具有四季分明、冬季干冷、夏季湿热、光照充足、无霜期长、台风频繁、雨水丰沛等特点。年平均气温14.9~16.2℃,多年平均降水量1 206.6 mm,多年平均水面蒸发量834.1 mm。

太湖流域多年平均水资源总量175.5亿 m^3,折合径流深472.8 mm,多年平均年径流系数为0.38。太湖流域是长江水系最下游的支流水系,流域内河网如织,湖泊棋布,是我国著名的平原河网区。流域水面面积达5 263 km^2,水面率为14.2%;河道总长约12万 km,河道密度达3.3 km/km^2。流域河道水面比降小,平均坡降约十万分之一;水流流速缓慢,汛期时一般仅为0.3~0.5 m/s;河网尾闾受潮汐顶托影响,流向表现为往复流。太湖流域水系以太湖为中心,分为上游水系和下游水系:上游水系主要为西部山丘区独立水系,包括苕溪水系、南河水系及洮滆水系;下游主要为平原河网水系,包括东部黄浦江水系、北部沿长江水系和东南部沿长江口、杭州湾水系。

太湖流域位于长江三角洲的核心地区,是我国经济最发达、大中城市最密集的地区之一。2019 年,流域总人口 6 164 万人,约占全国总人口的 4.4%;国内生产总值(GDP)96 847 亿元,约占全国 GDP 总量的 9.8%;人均 GDP 达 15.7 万元,约为全国平均水平的 2.2 倍。太湖流域内分布有超大城市上海,特大城市杭州、苏州,大中城市无锡、常州、镇江、嘉兴、湖州及迅速发展的众多小城市和建制镇,城镇化率达 80.6%。上海、杭州、苏州、无锡等城市经济总量位居全国前列,县域经济同样极具竞争力,多个县为全国百强县。

1.1.2 江苏省太湖流域概况

江苏省太湖流域面积 2.5 万 km²,是太湖流域水环境治理的主阵地。江苏省太湖流域包括太湖湖体,苏州市、无锡市、常州市和丹阳市的全部行政区域,以及句容市、南京市高淳区和溧水区行政区域内对太湖水质有影响的河流、湖泊、水库、渠道等水体所在区域。

2019 年,江苏省太湖流域总人口 2 448.36 万人,较 2007 年增加了 39%。GDP 总量 42 616 亿元,较 2007 年增加了 2.69 倍,占全太湖流域 GDP 总量的 44%;一、二、三产业所占比重分别为 1.44%、47.62% 和 50.94%,与 2007 年相比,第一、二产业比重分别降低了 0.61 个百分点和 12.96 个百分点,第三产业增加了 14.97 个百分点,产业结构优化明显。

2012 年底《省政府办公厅关于公布江苏省太湖流域三级保护区范围的通知》(苏政办发〔2012〕221 号)明确将太湖湖体、木渎等 15 个风景名胜区、万石镇等 48 个镇(街道、开发区等)划入太湖流域一级保护区,将和桥镇等 42 个镇(街道、开发区、农场等)划入太湖流域二级保护区,太湖流域其他地区划为三级保护区,实施分级管理。

1.2 江苏省太湖流域水环境现状

1.2.1 水环境质量现状

(1)湖体水质分析

2016—2018 年,太湖北部区和湖心区的水质基本保持不变,太湖西部区和东部区的水质均有所下降。2016—2018 年,太湖北部区、湖心区和东部区水质三年均达标,其中太湖东部区水质最好,2016 年和 2017 年的太湖东部区水质均达Ⅲ类;太湖西部区水质较差,2017 年和 2018 年的太湖西部区水质均未达标,水质类别均为Ⅴ类,主要超标因子为总磷。

2020 年,江苏省太湖湖体水质总体处于Ⅳ类;湖体高锰酸盐指数和氨氮平均浓度分别为 3.8 mg/L 和 0.12 mg/L,分别处于Ⅱ类和Ⅰ类;总磷平均浓度为 0.075 mg/L,总氮平均浓度为 1.27 mg/L,均处于Ⅳ类;综合营养状态指数为 54.8,处于轻度富营养状态。与 2019 年相比,湖体高锰酸盐指数稳定在Ⅱ类,氨氮浓度稳定在Ⅰ类,总氮、总磷浓度分别下降 5.1% 和 3.1%,综合营养状态指数下降了 1.7。

经过持续治理,太湖其他指标均有明显改善,但总磷浓度经历了"先降后升"的过程。2007—2015 年,湖体总磷浓度总体下降,2015 年降至 21 世纪以来的最低值 0.059 mg/L,此后连续攀升,2020 年为 0.075 mg/L,较 2015 年上升了 27%,距离国家考核目标尚有较大差距。

(2)主要入湖河流水质分析

根据《太湖流域水环境综合治理总体方案(2013 年修编)》,位于江苏省的主要入湖河流包括望虞河、大溪港(小溪港)、梁溪河、直湖港、武进港、太滆运河、漕桥河、太滆南运河、社渎港、官渎港、洪巷港、陈东港、大浦港、乌溪港、大港河。

2016 年至 2018 年间,15 条主要入湖河流水质呈现持续改善趋势,至 2018 年实现连续三年稳定消除Ⅴ类水质。2018 年,有 11 条河流水质达到或优于Ⅲ类,比 2016 年增加了 4 条,其余 4 条河流水质均为Ⅳ类。

2020 年,15 条主要入湖河流中有 14 条河流水质达到或优于Ⅲ类,与 2019 年相比,水质达到Ⅲ类的河流减少了 1 条。

(3)典型区域水质分析

① 宜兴市水质分析

无锡宜兴市共有 19 条主要河流(湖库),分别为太湖、百渎港、大港河、大浦港、殷村港、漕桥河、陈东港、东氿、滆湖、官渎港、洪巷港、沙塘港、社渎港、团氿、乌溪港、西氿、横山水库、烧香港、中干河。

2016—2018 年,总体来看,宜兴市 19 条主要河流水质呈现持续改善趋势。2018 年,有 13 条河流(湖库)水质达到或优于Ⅲ类,比 2016 年增加了 4 条,其余 5 条河流水质为Ⅳ类,1 个湖库(太湖西部区)水质为Ⅴ类。

在 19 条主要河流中,2018 年有 4 条河流、湖库(太湖西部区、百渎港、殷村港、漕桥河)水质未达到年度考核目标,主要超标因子为总磷和氨氮;2017 年有 3 条河流、湖库(太湖西部区、百渎港、中干河)水质未达到年度考核目标,主要超标因子为总磷和氨氮。

② 武进区水质分析

常州武进区共有 10 条主要河流(湖库),分别为太湖、百渎港、锡溧漕河、京杭运河、武进港、漕桥河、太滆运河、雅浦港、武宜运河、滆湖。

2016—2018 年,总体来看,武进区 10 条主要河流水质呈现持续改善趋势,2018 年,有 2 条河流(武进港、雅浦港)水质达到Ⅲ类,有 7 条河流水质为Ⅳ类,1 个湖库(太湖西部区)水质为Ⅴ类。

在 10 条主要河流中,2018 年有 4 条河流、湖库(太湖西部区、百渎港、漕桥河、太滆运河)水质未达到年度考核目标,主要超标因子为总磷;2017 年有 3 条河流、湖库(太湖西部区、百渎港、武宜运河)水质未达到年度考核目标,主要超标因子为总磷。

1.2.2 重点行业水污染物排放特征及管控水平

(1) 水污染物排放特征分析

根据 2017 年环统数据可知,江苏省太湖流域范围内工业 COD、氨氮、总磷排放量,各地级市排放量依次为苏州>常州>无锡>南京(部分)>镇江(部分),其中苏州分别占比 50.01%、48.83%、56.74%。总氮排放量,各地级市排放量依次为苏州>无锡>常州>南京(部分)>镇江(部分),其中苏州占比 50.92%。

根据各地级市各行业水污染物排放统计结果可知,苏州市水污染物(COD、氨氮、总氮、总磷)排放量较大的行业为印染、造纸、化工行业;无锡市水污染物(COD、氨氮、总氮、总磷)排放量较大的行业为印染、化工、电镀行业;常州市水污染物(COD、氨氮、总氮、总磷)排放量较大的行业为印染、化工、钢铁行业。

(2) 典型区域重点行业排放管控水平分析

① 宜兴市重点行业排放管控水平分析

根据 2017 年环统数据可知,无锡宜兴市已统计企业共 141 家,其中重点行业(六大行业)企业共 64 家,占比 45.4%,以印染、化工企业为主。重点行业企业中,19 家企业(印染 9 家、化工 10 家)水污染物进入工业废水集中处理厂;41 家(印染 18 家、化工 22 家、电镀 1 家)水污染物进入城市污水处理厂;1 家印染企业水污染物直接排放;3 家化工企业水污染物不外排。总体来看,宜兴市重点行业企业废水接管率较高,达到 93.8%(不外排的企业不计入接管企业),但是仍有化工、印染废水没有接入专业工业废水集中处理厂。

武宜运河是宜兴市重点行业企业主要的纳污水体,接纳了 15 家印染企业、18 家化工企业、1 家电镀企业的最终排入以及 1 家印染企业的直接排放,其余纳污水体为漕桥河、官渎河、蠡河、西氿、锡溧槽河、中干河。接管至区域污水厂的

60家企业均能做到达标接管,直排武宜运河的1家印染企业也能达标排放。

选取印染、化工行业作为研究对象,统计分析企业水污染物削减情况(见表1.2-1),除印染行业总氮外,其余常规污染物企业削减率均在90%以上。

表1.2-1 重点行业企业水污染物削减情况一览表

	印染行业			化工行业		
	产生量(t/a)	排放量(t/a)	削减率(%)	产生量(t/a)	排放量(t/a)	削减率(%)
COD	19 249.86	385.79	98.0	7 102.29	105.53	98.5
氨氮	276.91	14.09	94.9	194.22	2.07	98.9
总氮	481.44	99.41	79.4	652.94	21.07	96.8
总磷	25.80	2.01	92.2	197.83	0.34	99.8

由表1.2-2可知,印染行业企业、化工行业企业自身废水治理设施负荷率均较低,其中印染行业为41.3%,化工行业为25.2%。由表1.2-3可知,化工企业废水治理设施总运行费用大于印染企业,并且化工企业单位运行费用可处理水量远小于印染企业,说明化工企业废水处理运行成本更高。

表1.2-2 重点行业企业废水治理设施负荷率

行业	实际废水量(t/a)	废水治理设施设计能力(t/a)	负荷率(%)
印染	36 612.97	88 706	41.3
化工	7 841.19	31 119	25.2

表1.2-3 重点行业企业废水治理设施运行费用情况

行业	运行费用(万元/年)	单位运行费用可处理水量[吨/(元·日)]
印染	3 823.23	0.115
化工	4 336.5	0.029

宜兴共有11家污水处理厂,其中3家工业污水厂、8家城市污水厂。总设计处理能力为245 500 t/a,实际处理水量为192 754 t/a。其中接管重点行业企业最多的为欧亚华都(宜兴)水务有限公司,共接管9家印染企业和9家化工企业;其次为宜兴市城市污水处理厂,共接管4家印染企业、7家化工企业和1家电镀企业。所有污水厂最终外排标准均达到《城镇污水处理厂污染物排放标准》(GB 18919—2002)中一级A标准。

② 武进区重点行业排放管控水平分析

根据 2017 年环统数据可知,常州武进区已统计企业共 347 家,其中重点行业(六大行业)企业共 120 家,占比 34.9%,以印染、化工、电镀企业为主。重点行业企业中,25 家企业(印染 9 家、化工 15 家、电镀 1 家)水污染物进入工业废水集中处理厂;29 家企业(印染 3 家、化工 11 家、电镀 15 家)水污染物进入城市污水处理厂;63 家企业(印染 4 家、化工 42 家、电镀 17 家)水污染物直接排放;3 家印染企业水污染物进入其他企业处理。总体来看,武进区重点行业企业废水接管率较低,为 47.1%(进入其他企业的计入接管企业),较多化工、电镀企业废水直接排放。

根据重点行业企业最终排放受纳水体看,武宜运河是主要的纳污水体,有 1 家印染企业、23 家化工企业、2 家电镀企业水污染物最终排入其中,其余纳污水体为北干河、采菱港、漕桥河、成章河、京杭运河等 21 条河流。接管至区域污水厂(或企业)的 41 家企业均能做到达标接管,直排的企业也能做到达标排放。

选取印染、化工、电镀行业作为研究对象,统计分析企业水污染物削减情况(见表 1.2-4)。除印染行业以及电镀行业总磷外,其余常规污染物企业削减率均在 70%以下。

表 1.2-4 重点行业企业水污染物削减情况一览表

	印染行业			化工行业			电镀行业		
	产生量 (t/a)	排放量 (t/a)	削减率 (%)	产生量 (t/a)	排放量 (t/a)	削减率 (%)	产生量 (t/a)	排放量 (t/a)	削减率 (%)
COD	719.31	173.54	75.9	211.61	101.05	52.2	104.82	57.22	45.4
氨氮	57.31	13.23	76.9	17.79	13.34	25.0	5.92	3.34	43.6
总氮	114.30	33.42	70.8	26.30	19.05	27.6	13.17	6.21	52.8
总磷	14.28	1.47	89.7	2.23	0.73	67.1	0.93	0.19	79.5

武进共有 15 家污水处理厂(其中接管重点行业企业废水的共 11 家),其中 4 家工业污水集中处理厂、11 家城市污水处理厂,总设计处理能力为 432 000 t/a,实际处理水量为 11 209 t/a。接管重点行业企业最多的为常州市武进双惠环境工程有限公司,共接管 15 家化工企业;其次为常州市武进区武南污水处理厂,共接管 1 家印染企业、4 家化工企业和 4 家电镀企业。11 家污水厂中有 9 家最终外排标准均达到《城镇污水处理厂污染物排放标准》(GB 18919—2002)中一级 A 标准,2 家最终外排标准均达到《城镇污水处理厂污染物排放标准》(GB 18919—2002)中一级 B 标准。

1.3　江苏省太湖流域排污许可量核发现状及存在问题

1.3.1　排污许可量核发现状

控制污染物排放许可制是国家依法规范企事业单位排污行为的一项基础性环境管理制度,是强化企业主体责任,着力解决突出环境问题的重要抓手。生态环境部门通过排污许可证核发,将法律法规对企事业单位提出的所有环境管理要求进行整合衔接,对固定污染源实行全过程多要素的"一证式"环境管理。按照 2016 年国务院印发的《控制污染物排放许可制实施方案》和原环境保护部印发的《排污许可证管理暂行规定》等,江苏省从 2017 年全面推进排污许可证核发,已率先完成核发工作。

（1）排污许可量核发量

江苏省太湖流域已核发排污许可证的企业总数为 18 002 家,苏州、无锡、常州、南京、镇江分别核发 8 680 家、4 583 家、3 789 家、245 家、705 家,已核发的水污染物排放总量具体见表 1.3-1。总体来看,苏州市已核发水污染物许可排放量最多,COD、氨氮、总氮、总磷分别占江苏省太湖流域总量的 56.64%、49.49%、56.73%、68.14%,其次为无锡和常州,南京最少。

表 1.3-1　各地级市已核发排污许可量一览表*　　　单位:t/a

地市	COD	氨氮	总氮	总磷
苏州	21 594.18	1 222.93	7 635.41	173.08
无锡	9 706.95	785.40	3 607.20	51.45
常州	5 887.50	386.21	1 784.68	24.34
南京	367.79	32.49	183.54	2.14
镇江	568.22	44.18	247.97	3.01
合计	38 124.63	2 471.21	13 458.80	254.02

*注:考虑到与环统数据的可比性,已核发排污许可量已折算为最终排入外环境的量,折算方法:直排企业的最终外排量等于排污许可量,间接排放企业最终外排量计算公式为最终外排量＝排污许可量×最终外排浓度÷接管浓度,其中接管浓度在排污许可证中有所体现,外排浓度统一参照《太湖地区城镇污水处理厂及重点工业行业主要水污染物排放限值》(DB 32/1072-2018)表 2 标准(COD:50 mg/L,氨氮:4 mg/L,总氮:12 mg/L,总磷:0.5 mg/L)。

（2）重点行业污染物排放情况

江苏省太湖流域六大重点行业水污染物排放量(基于排污许可证数据和环统数据)详见表 1.3-2。考虑到与环统数据的可比性,本次统计的是排污许可证和环统中均有数据的企业,共计 1 008 家。

总体而言,六大行业排污许可量折算到外排环境量后仍基本大于环统数据。COD最大倍数(许可量/环统量)为2.27倍,氨氮最大倍数为8.74倍,总氮最大倍数为2.24倍,总磷最大倍数为4.90倍。其中钢铁、食品、印染行业体现得更加明显,污染物排放量倍数(许可量/环统量)更高。

(3)太湖流域各地级市及典型区重点行业排污许可量及与环统的比较

① 苏州市

苏州市六大重点行业水污染物排放量(基于排污许可证数据和环统数据)详见表1.3-3。考虑到与环统数据的可比性,本次统计的是苏州市排污许可证和环统中均有数据的企业,共计472家。

总体而言,苏州市六大行业排污许可量折算到外排环境量后基本大于环统数据。COD最大倍数(许可量/环统量)为1.88倍,氨氮最大倍数为1.40倍,总氮最大倍数为2.24倍,总磷最大倍数为1.39倍。其中化工、印染行业体现得更加明显,污染物排放量倍数(许可量/环统量)更高。

② 无锡市

无锡市六大重点行业水污染物排放量(基于排污许可证数据和环统数据)详见表1.3-4。考虑到与环统数据的可比性,本次统计的是无锡市排污许可证和环统中均有数据的企业,共计330家。

总体而言,无锡市六大行业排污许可量折算到外排环境量后基本大于环统数据。COD最大倍数(许可量/环统量)为6.88倍,氨氮最大倍数为11.52倍,总氮最大倍数为2.47倍,总磷最大倍数为15.53倍。其中造纸、食品行业体现得更加明显,污染物排放量倍数(许可量/环统量)更高。

③ 常州市

常州市六大重点行业水污染物排放量(基于排污许可证数据和环统数据)详见表1.3-5。考虑到与环统数据的可比性,本次统计的是常州市排污许可证和环统中均有数据的企业,共计133家。

总体而言,常州市六大行业排污许可量折算到外排环境量后基本大于环统数据。COD最大倍数(许可量/环统量)为5.54倍,氨氮最大倍数为3.03倍,总氮最大倍数为6.34倍,总磷最大倍数为7.82倍。其中造纸、电镀行业体现得更加明显,污染物排放量倍数(许可量/环统量)更高。

④ 宜兴市

宜兴市六大重点行业水污染物排放量(基于排污许可证数据和环统数据)详见表1.3-6。考虑到与环统数据的可比性,本次统计的是宜兴市排污许可证和环统中均有数据的企业,共计29家。

表 1.3-2　江苏省太湖流域六大重点行业污染物排放情况（基于许可证和环统）

类别	COD（许可证）(t/a)	COD（环统）(t/a)	COD倍数	氨氮（许可证）(t/a)	氨氮（环统）(t/a)	氨氮倍数	总氮（许可证）(t/a)	总氮（环统）(t/a)	总氮倍数	总磷（许可证）(t/a)	总磷（环统）(t/a)	总磷倍数
电镀	545.44	518.90	1.05	38.16	35.13	1.09	126.21	112.43	1.12	3.75	6.38	0.59
钢铁	92.12	85.63	1.08	33.60	3.85	8.74	33.36	15.37	2.17	0.79	0.45	1.77
化工	1 848.41	1 483.88	1.25	73.47	78.00	0.94	395.22	247.37	1.60	8.30	8.18	1.01
食品	365.83	161.10	2.27	9.21	2.16	4.27	38.34	17.09	2.24	2.64	0.54	4.90
印染	11 504.54	9 103.01	1.26	1 078.19	525.97	2.05	3 243.71	1 725.09	1.88	106.14	52.22	2.03
造纸	2 970.96	2 840.26	1.05	248.89	187.49	1.33	1 015.12	461.47	2.20	18.40	14.32	1.29
总计	17 327.31	14 192.78	1.22	1 481.52	832.59	1.78	4 851.95	2 578.82	1.88	140.03	82.09	1.71

表 1.3-3　苏州市六大重点行业污染物排放情况（基于许可证和环统）

类别	COD（许可证）(t/a)	COD（环统）(t/a)	COD倍数	氨氮（许可证）(t/a)	氨氮（环统）(t/a)	氨氮倍数	总氮（许可证）(t/a)	总氮（环统）(t/a)	总氮倍数	总磷（许可证）(t/a)	总磷（环统）(t/a)	总磷倍数
电镀	190.76	288.50	0.66	17.43	21.40	0.81	70.44	66.67	1.06	2.06	2.57	0.80
化工	1 143.19	607.46	1.88	40.38	36.78	1.10	236.22	109.91	2.15	4.37	3.59	1.22
食品	17.20	110.44	0.16	1.85	1.52	1.22	5.67	3.87	1.46	0.16	0.38	0.42
印染	5 587.47	5 358.57	1.04	494.34	352.50	1.40	1 442.26	968.97	1.49	47.14	33.81	1.39
造纸	2 635.36	2 655.46	0.99	225.48	183.77	1.23	975.75	436.35	2.24	17.05	13.41	1.27
总计	9 573.98	9 020.42	1.06	779.48	595.97	1.31	2 730.33	1 585.77	1.72	70.78	53.76	1.32

表1.3-4 无锡市六大重点行业污染物排放情况（基于许可证和环统）

类别	COD（许可证）(t/a)	COD（环统）(t/a)	COD倍数	氨氮（许可证）(t/a)	氨氮（环统）(t/a)	氨氮倍数	总氮（许可证）(t/a)	总氮（环统）(t/a)	总氮倍数	总磷（许可证）(t/a)	总磷（环统）(t/a)	总磷倍数
电镀	142.73	139.87	1.02	3.24	7.28	0.44	9.93	30.96	0.32	0.43	0.90	0.47
钢铁	92.04	85.39	1.08	33.57	3.83	8.75	33.35	15.34	2.17	0.79	0.45	1.77
化工	362.92	415.40	0.87	17.67	7.73	2.29	84.65	56.88	1.49	1.82	1.63	1.12
食品	348.63	50.66	6.88	7.36	0.64	11.52	32.67	13.22	2.47	2.48	0.16	15.53
印染	4 674.98	2 894.57	1.62	460.73	113.67	4.05	1 392.29	578.04	2.41	46.51	13.16	3.54
造纸	131.22	58.98	2.22	13.12	1.81	7.24	39.37	15.94	2.47	1.31	0.62	2.13
总计	5 752.52	3 644.86	1.58	535.69	134.96	3.97	1 592.27	710.38	2.24	53.34	16.91	3.15

表1.3-5 常州市六大重点行业污染物排放情况（基于许可证和环统）

类别	COD（许可证）(t/a)	COD（环统）(t/a)	COD倍数	氨氮（许可证）(t/a)	氨氮（环统）(t/a)	氨氮倍数	总氮（许可证）(t/a)	总氮（环统）(t/a)	总氮倍数	总磷（许可证）(t/a)	总磷（环统）(t/a)	总磷倍数
电镀	155.25	54.68	2.84	14.53	4.79	3.03	44.82	7.07	6.34	1.14	0.15	7.82
钢铁	0.09	0.23	0.37	0.03	0.01	2.62	0.00	0.03	0.00	0.00	0.00	0.00
化工	291.43	381.13	0.76	12.20	29.17	0.42	55.38	70.53	0.79	1.78	2.65	0.67
印染	1 190.39	785.31	1.52	118.62	57.28	2.07	355.83	174.07	2.04	11.86	5.08	2.34
造纸	40.80	7.37	5.54	0.28	0.74	0.38	0.00	2.21	0.00	0.04	0.01	4.11
总计	1 677.95	1 228.73	1.37	145.66	91.99	1.58	456.02	253.91	1.80	14.83	7.89	1.88

表 1.3-6　宜兴市六大重点行业污染物排放情况（基于许可证和环统）

类别	COD（许可证）(t/a)	COD（环统）(t/a)	COD倍数	氨氮（许可证）(t/a)	氨氮（环统）(t/a)	氨氮倍数	总氮（许可证）(t/a)	总氮（环统）(t/a)	总氮倍数	总磷（许可证）(t/a)	总磷（环统）(t/a)	总磷倍数
化工	53.94	49.47	1.09	2.36	1.31	1.80	26.97	8.68	3.11	0.08	0.25	0.31
印染	484.89	240.67	2.01	47.45	11.71	4.05	142.35	63.16	2.25	4.77	1.44	3.30
总计	538.84	290.14	1.86	49.81	13.02	3.83	169.31	71.83	2.36	4.85	1.70	2.86

表 1.3-7　武进区大大重点行业污染物排放情况（基于许可证和环统）

类别	COD（许可证）(t/a)	COD（环统）(t/a)	COD倍数	氨氮（许可证）(t/a)	氨氮（环统）(t/a)	氨氮倍数	总氮（许可证）(t/a)	总氮（环统）(t/a)	总氮倍数	总磷（许可证）(t/a)	总磷（环统）(t/a)	总磷倍数
电镀	122.30	35.81	3.42	11.28	2.05	5.50	35.07	3.75	9.34	0.87	0.12	7.41
化工	4.36	7.62	0.57	0.23	0.58	0.39	0.14	1.68	0.09	0.02	0.06	0.37
印染	61.54	90.11	0.68	6.07	7.51	0.81	18.22	22.53	0.81	0.59	0.75	0.78
总计	188.21	133.54	1.41	17.58	10.14	1.73	53.44	27.96	1.91	1.48	0.93	1.60

总体而言,宜兴市六大行业排污许可量折算到外排环境量后基本大于环统数据。COD 最大倍数(许可量/环统量)为 2.01 倍,氨氮最大倍数为 4.05 倍,总氮最大倍数为 3.11 倍,总磷最大倍数为 3.30 倍。其中印染行业体现得更加明显,污染物排放量倍数(许可量/环统量)更高。

⑤ 武进区

武进区六大重点行业水污染物排放量(基于排污许可证数据和环统数据)详表 1.3-7。考虑到与环统数据的可比性,本次统计的是武进区排污许可证和环统中均有数据的企业,共计 25 家。

总体而言,武进区六大行业排污许可量折算到外排环境量基本大于环统数据。COD 最大倍数(许可量/环统量)为 3.42 倍,氨氮最大倍数为 5.50 倍,总氮最大倍数为 9.34 倍,总磷最大倍数为 7.41 倍。其中电镀行业体现得更加明显,污染物排放量倍数(许可量/环统量)更高。

1.3.2 存在问题

(1) 排污许可核发量与水环境容量不匹配

按照《控制污染物排放许可制实施方案》《排污许可证管理暂行规定》等相关规定,我国的排污许可核发量一般是基于污染物排放限值和基准排水量,主要考虑企业自身的行业特点,具有明显的基于技术的性质,要求相对宽松,满足了全国普适性的需求。但没有直接考虑水环境质量的达标情况,缺乏对区域内所有企业排污总量的有效约束。

本轮排污许可核发量没有设定区域许可排放量的上限,虽然保证了排污许可制度的顺利实施,可以实现所有固定污染源的全覆盖,但是可能会导致企业许可排放量总和远高于区域水环境所能承载的最大许可排放量,无法充分体现以改善环境质量为导向的改革目标。

诚然,当基于排放标准的排污调控措施不能满足控制流域水环境质量要求时,可以基于根据环境质量和环境容量确定的污染物排放限值,重新确定流域内各企业排污许可证发放标准,以流域水环境容量约束流域内各排污企业的污染物排放,但是这种方法更多只是"亡羊补牢",没有从根源解决问题。从发达国家排污许可工作的经验来看,美国的排污许可管理经历了从基于技术到基于水质的发展历程,各国和地区的经验表明,水质达标是排污许可管理的核心,排污主体同时负有达标排放和受纳水体水质达标的双重责任。

太湖流域作为我国经济发展的重要区域,产业水平与污染防治水平总体较高,但存在开发强度高、污染物排放总量超出区域环境承载能力的问题。因此,排污许可制度要更好地在太湖流域落地,需要密切结合太湖流域经济发展和环境管理的实际特点,适应太湖水质改善的需求,建立比基于排放标准更严格的污染物排放量核算方法。

（2）不同行业间许可排放量的公平分配有待提高

本轮排污许可证核发工作采取按行业分步实施的方式,2017年上半年,率先完成火电、造纸行业排污许可证核发,此后,每年发布《固定污染源排污许可分类管理名录》,按行业推进排污许可管理。这种方式虽然有效解决了行业内不同企业的公平性问题,但是按照不同行业推进排污许可证核发,可能会导致不同行业排污许可证核发出现时间上的先后顺序,因此如何在一定的区域总量控制目标下,实现不同行业间许可排放量的公平分配,对于建立以排污许可证为核心的环境管理制度,显得尤为重要。

第二章

太湖流域典型区域污染物排放、水环境质量变化现状调查及试验

2.1 典型区域范围确定

2.1.1 典型区域确定方法

划定区域应具有典型性,在综合分析控制断面、汇水范围、水生态功能分区及控制单元分布情况的基础上,结合流域水文情势和流域圩区分布、区域污染排污特征及区县行政边界等情况完成典型区域划分,具体的操作步骤如下。

(1)典型河流筛选:以河流断面现状水质、汇水区域内产业分布、河湖水文水质、水利工程情况为主要依据,确定需要重点管控水质断面的典型河流。

(2)典型河流周围基础情况分析:确定影响控制断面水质的汇水范围,收集整理汇水范围涉及的控制单元、水生态功能分区及行政区划情况。

(3)典型区域确定:首先利用汇水区、水生态功能分区、控制单元、水系分布及流向、污染源、控制断面、县级与乡镇级行政边界等指标的空间数据在 GIS 中进行整合分析,得到典型区域草图。在进行典型区域确定时,汇水区是基本的聚合区域,水生态功能区、控制单元边界是典型区域确定的基本外边界限制条件,以此为基础,考虑水文特征和各类型控制断面的分布特征,同时考虑用县级与乡镇级行政界线调整平原水网区的典型区域边界,形成最终划分结果。

2.1.2 宜兴社渎港典型区域及武进太滆运河典型区域确定

综合太湖流域 15 条主要入湖河流的典型性、重要性及汇水区域内直排企业、产业园区、入湖流量及污染情况,分析结果见表 2.1-1。

表 2.1-1 15 条入湖河流情况对比表

项目	望虞河	漕桥河	武进港	社渎港	太滆运河	梁溪河	直湖港	陈东港	乌溪港	太滆南运河	大浦港	洪巷港	大港河	小溪港	官渎港
直排企业（家）	20	46	80	4	33	0	44	171	18	13	12	0	11	0	0
产业园区（个）	7	5	12	5	3	11	7	25	3	4	3	1	3	6	1
入湖流量（m³/s）（2017年均值）	15.30	8.86	5.83	9.18	34.98	0.26	0.59	91.23	14.53	31.32	31.49	11.82	0.46	0.00	6.54
闸控	有闸控、有引水、情况复杂	无闸控、最终汇入太滆运河	有闸控、6个月关闸	无闸控	无闸控	有闸控	有闸控、只有1个月开闸	无闸控	无闸控	无闸控	无闸控	无闸控	无闸控	有闸控	无闸控

分析表2.1-1后可知,陈东港、武进港、漕桥河、直湖港、太滆运河、社渎港具有"涉及的直排企业或产业园区较多、流量较大"的特点。其中,陈东港是入湖流量最大的河流,但本地径流仅占总径流量的18.8%;武进港、直湖港虽涉及直排企业及产业园区较多,但入湖断面设有闸门,长时间关闭,入湖污染小;漕桥河虽涉及直排企业及产业园区较多,但途径村镇较多,且上游靠近滆湖处,水产养殖发达,枯水期清塘水污染较大,因此相对来说工业污染贡献较小;太滆运河入太湖处存在水质控制断面——百渎港桥,2016—2018年,氨氮、总磷水质超标,流量较大,涉及直排企业及产业园区较多,且途径村镇较少,工业占比相对较大,具有研究排污许可制度的典型性;社渎港入太湖处存在水质控制断面——社渎港桥,河流流经一个国家级经济技术开发区——宜兴经济技术开发区,汇水区域内共涉及两个污水厂——欧亚华都污水处理厂、宜兴市城市污水处理厂,污水厂排口排放污染物经武宜运河汇入社渎港,影响社渎港桥断面水质,社渎港汇水范围内工业占比较大,工业污染现象较为显著,具有研究排污许可制度的典型性。

综上所述,考量权衡河流水质现状、入湖河流流量、产业分布、工业污染物排放量、闸控引调水因素,最终选取无锡宜兴市社渎港和常州武进区太滆运河作为典型河流进行进一步研究。

(1)宜兴社渎港典型区域的确定

国家"十一五"水专项中,已对太湖流域进行了控制单元的划分。"十二五"水专项在"十一五"划分成果的基础上,对控制单元划分进行进一步完善,太湖流域(江苏)共计划分了70个控制单元。根据2016年省政府批复的《江苏省太湖流域水生态环境功能区划(试行)》,江苏省太湖流域共划分水生态环境功能分区49个,并分为Ⅰ、Ⅱ、Ⅲ、Ⅳ 4个等级。

根据《太湖流域十五条主要入湖河流水环境综合整治总体规划》,社渎港汇水范围为高塍镇、屺亭街道、芳桥街道和新庄街道。社渎港典型区域范围、控制单元与水生态功能分区位置分布如图2.1-1所示。社渎港汇水范围内共涉及3个控制单元、2个水生态功能分区。根据典型区域划分原则,汇水区是基本的聚合区域,水生态功能区、控制单元边界是外边界限制条件,同时考虑行政区划,最终确定社渎港典型区域范围为屺亭街道、芳桥街道、新庄街道和高塍镇。

(2)武进太滆运河典型区域的确定

太滆运河入湖流量较大,汇水范围内涉及武进国家高新技术产业开发区,且途径村镇较少,工业占比相对较大,工业污染现象较为显著,具有研究排污许可制度的典型性。根据《太湖流域十五条主要入湖河流水环境综合整治总体规划》,太滆运河的汇水范围确定为常州市武进区的南夏墅街道(武进国家高新技

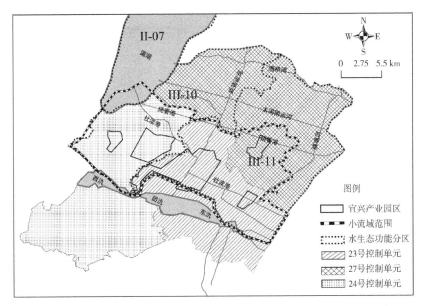

图 2.1-1　社渎港典型区域范围、控制单元与水生态功能分区位置分布

术产业开发区)、前黄镇、雪堰镇。为与"十二五"水专项进行衔接,考虑控制单元和水生态功能分区划分结果,将控制单元和水生态功能分区作为边界条件,实际进行基于水环境质量目标要求的排污许可量核定方法研究时,将主要聚焦在上述太滆运河典型区域范围,即南夏墅街道(武进国家高新技术产业开发区)、前黄镇、雪堰镇(见图 2.1-2)。

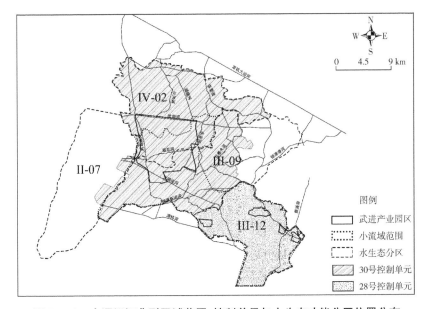

图 2.1-2　太滆运河典型区域范围、控制单元与水生态功能分区位置分布

2.2 典型区域入河排污口排查、水文水质同步监测和底泥释放水质监测及水质评价方法和结果

2.2.1 排污口排查方法

典型区域内水深较浅,平均水深 2~3 m。采用双频侧扫声呐可以在低频探测距离远一点的物体,需要仔细辨别物体时用高频图像查看,有助于更好地发现目标。

沿河道两侧岸堤有时不能步行,当采用无人船时,有时视线会有遮挡,在有船行走或者河道有障碍物时容易发生安全事故。此外,在像武宜运河有大船行走的水域,波浪较大,无人船船体比较小,晃动比较大会影响侧扫声呐成像质量。为了安全和效率,本次作业采用渔船拖曳侧扫声呐扫测方法进行工作。

典型区域内,水下河道宽度在 20 m 至 70 m 不等,为了确保两侧数据清晰,同一条河道采用往返两次扫测,第一次拖鱼(声呐探头)靠左岸,第二次拖鱼(声呐探头)靠右岸。岸上部分有排污口的采用 GPS 进行数据采集。

2.2.2 水质监测方法

(1) 概念

水质监测是指为了掌握水环境质量状况和水系中污染物的动态变化,对水的各种特性指标取样、测定,并进行记录或发出讯号的程序化过程,是进行污染防治和水资源保护的基础,是贯彻执行水环境保护法规和实施水质管理的依据。水质监测是在水质分析的基础上发展起来的,是对代表水质的各种标志数据的测定过程。

(2) 目的

通过水质监测达到如下目的。

① 提供代表水质现状的数据,供评价水体环境质量使用。

② 确定水体中污染物的时空分布状况,追溯污染物的来源、污染途径、迁移转化和消长规律,预测水体污染的变化趋势。

③ 判断水污染对环境生物和人体健康造成的影响,评价污染防治措施的实际效果,为制定有关法规、水环境质量标准、污染物排放标准等提供科学依据。

④ 为建立和验证水质污染模型提供依据。

⑤ 探明污染原因、污染机理以及各种污染物质,进一步深入开展水环境及污染的理论研究。

（3）过程

水质监测过程包括：布设站网，选择采样技术、监测项目、方法，进行分析测试、数据处理和监测成果管理，为保证监测资料的代表性、可比性和可靠性，在监测过程中必须实行实验室内部和外部质量控制。

2.2.3　水质评价方法

本次采用单因子指数法进行水质评价。

单因子评价法将各参数浓度代表值与评价标准逐项对比，以单项评价最差项目的类别作为水质类别。单因子评价法是目前使用最多的水质评价法，该法简单明了，可直接了解水质状况与评价标准之间的关系，给出个评价因子的达标率、超标率和超标倍数等特征值。其主要有以下几种表达方式。

（1）单指数法

单指数（I_i）表示某种污染物对水环境产生等效影响的程度。它是污染物的实测浓度（C_i）与该污染物在水环境中的允许浓度（评价标准）（C_{si}）的比值，其计算可分为以下三种情况。

a. 污染危害程度随浓度增加而增加的评价参数，分指数按式（2.2-1）计算：

$$I_i = \frac{C_i}{C_{si}} \tag{2.2-1}$$

b. 污染危害程度随浓度增加而降低的评价参数（如溶解氧），分指数按式（2.2-2）计算：

$$I_i = \frac{C_{i\max} - C_i}{C_{i\max} - C_{si}} \tag{2.2-2}$$

式中，$C_{i\max}$ 为某污染物浓度的最大值。导则中给出的溶解氧的标准指数计算公式为

$$S_{DO,j} = \frac{|DO_f - DO_j|}{DO_f - DO_s} , DO_j \geqslant DO_s$$

$$S_{DO,j} = 10 - 9\frac{DO_j}{DO_s} , DO_j < DO_s \tag{2.2-3}$$

$$DO_f = \frac{468}{31.6 + T(\text{℃})}$$

式中，DO_f 为饱和溶解氧浓度；DO_s 为溶解氧的地面水水质标准；DO_j 为溶解

氧的监测值。

c. 对具有最低和最高允许限度的评价参数(如 pH 值),分指数按式(2.2-4)计算:

$$I_i = \frac{C_i - \overline{C_{si}}}{C_{si}(上限或下限) - \overline{C_{si}}}$$ (2.2-4)

式中,$\overline{C_{si}}$ 为某污染物评价标准上、下限的平均值。导则中给出的 pH 的标准指标计算公式为

$$S_{\mathrm{pH},j} = \frac{7.0 - \mathrm{pH}_j}{7.0 - \mathrm{pH}_{sd}}, \mathrm{pH}_j \leqslant 7.0$$

$$S_{\mathrm{pH},j} = \frac{\mathrm{pH}_j - 7.0}{\mathrm{pH}_{su} - 7.0}, \ \mathrm{pH}_j > 7.0$$ (2.2-5)

式中,pH_{sd} 为地面水水质标准中规定的 pH 值下限;pH_{su} 为地面水水质标准中规定的 pH 值上限。

水质参数的标准指数>1,表明该水质参数超过了规定的水质标准,已经不能满足使用要求。

(2) 超标倍数和超标率

a. 超标倍数(B)

$$B = \frac{C - C_0}{C_0}$$ (2.2-6)

式中,C 为监测数据值;C_0 为环境质量标准。

b. 超标率(L)

$$L = \frac{超标数据个数}{总监测数据个数} \times 100\%$$ (2.2-7)

2.2.4 入河排污口排查、水文水质同步监测及水质评价结果

2.2.4.1 宜兴社渎港典型区域入河排污口排查结果

本次共排查出 283 个排污口,其中岸上排污口 85 个、水下排污口 198 个,按照工业、工业清下水、雨洪、农业、生活排污口 5 种类型进行定性,详情见表 2.2-1。不同类型的排污口中,雨洪排污口数量最多,数量为 108 个,约占 38.2%,其次为工业排污口,数量为 79 个,约占 27.9%,其中有流量的排污口约 10 个。

表 2.2-1　社渎港典型区域排污口排查成果

序号	排污口类型	数量(个)	所占比例(%)
1	雨洪排污口	108	38.2
2	工业排污口	79	27.9
3	农业排污口	70	24.7
4	生活排污口	22	7.8
5	工业清下水排污口	4	1.4
	总计	283	100

2.2.4.2　宜兴社渎港典型区域水文水质同步监测结果

（1）监测方案

为摸清典型工业园区污染源排放量并准确把握其源项排污情况，在宜兴经济技术开发区进行工业源监测工作(图 2.2-1)。

水文水质同步监测时间定于 2020 年 9 月 1 日—3 日，共 3 天。监测期间，水文、水质监测断面每天监测 4 次。水文监测因子为流量、流速、流向、水位；水质监测因子为 COD_{Cr}、氨氮、总氮、总磷。同时进行各监测断面的河道大断面测量。

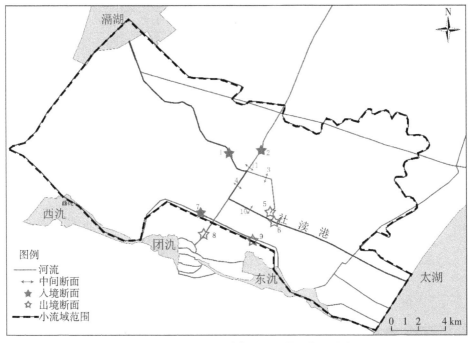

图 2.2-1　宜兴经济技术开发区监测断面分布

（2）监测断面水质分析

监测断面水质满足Ⅳ类水质标准，劣于Ⅲ类水质标准，主要超标因子为COD、总磷，COD超标倍数在0.21～0.43之间，总磷超标倍数在0.07～0.43之间，氨氮均满足Ⅲ类水质标准。根据沿程水质变化趋势分析，社㳇港、湛㳇港、芜申运河、武宜运河出境水质劣于入境水质。

表 2.2-2　监测断面单因子指数水质评价结果表

河流	编号	断面名称	断面类型	COD超标倍数	氨氮超标倍数	总磷超标倍数
湛㳇港	3	湛㳇港中	中间断面	1.28	0.15	1.14
	5	湛㳇港出	出境断面	1.31	0.37	1.07
社㳇港	1	社㳇港入	入境断面	1.29	0.18	1.08
	10	社㳇港中	中间断面	1.35	0.60	1.25
	6	社㳇港出	出境断面	1.43	0.27	1.17
武宜运河	2	武宜运河入	入境断面	1.32	0.13	1.22
	11	武宜运河中(1)	中间断面	1.28	0.45	1.43
	4	武宜运河中(2)	中间断面	1.43	0.16	1.33
	8	武宜运河出	出境断面	1.21	0.35	0.81
芜申运河	7	芜申运河入	入境断面	1.24	0.67	0.94
	9	芜申运河出	出境断面	1.31	0.41	1.10

（3）监测区域污染源分析

基于2020年9月1日—3日对宜兴经济技术开发区进行了水文水质同步监测，通过计算断面污染物通量的方式对监测区域污染源进行分析，即利用某一时间段内河流实测断面的污染物平均浓度和平均流量的乘积估算监测区域污染物通量：

$$L_T = Q_T C_T T \qquad\qquad (2.2-8)$$

式中，L_T 为 T 时间段的污染物通量；Q_T 为 T 时间段的平均流量；C_T 为 T 时间段的污染物平均浓度。

根据监测结果及式(2.2-8)，确定监测区域出/入境通量计算结果如表2.2-3。

表 2.2-3　监测区域出入境通量及污染物排放量计算结果表

类型	污染物量(kg/d)			
	COD	氨氮	总氮	总磷
入境通量	105 981	1 747	5 124	893
出境通量	111 687	2 053	6 941	929
污染物排放量	5 706	306	1 817	36

根据环统数据,确定监测区域2个点源(宜兴市城市污水处理厂及欧亚华都污水处理厂)污染物排放量。根据监测区域城镇农村人口、农业种植面积,确定地表径流面源、城镇生活面源、农村生活面源、农业面源污染物量,最终确定直接进入水体的企业面源量。

表2.2-4　社渎港典型区域企业面源污染物信息表　　单位:t/a

污染物类型	COD	氨氮	总氮	总磷
监测区域排放污染物总量	2 083.0	112.0	663.0	13.0
宜兴市城市污水处理厂	945.0	10.3	240.0	4.0
欧亚华都污水处理厂	585.8	10.7	155.8	2.3
地表径流、城镇生活面源、农村生活面源、农业面源等	377.5	87.6	221.9	6.3
企业面源	174.5	3.0	45.4	0.7

2.2.4.3　宜兴市、武进区及典型区域水质评价结果

（1）宜兴市及社渎港典型区域水质评价结果

2015—2017年,除个别断面外,宜兴市入境、出境(入湖)、中间断面水质基本满足Ⅳ类水质标准,出境(入湖)断面水质优于入境断面水质(见表2.2-5)。入境断面中,水质较好的断面为唐东桥断面,水质较差的断面为江步桥、裴家断面。中间断面中,水质较好的断面为静塘大桥断面,水质较差的断面为王婆桥断面。出境(入湖)断面中,水质较好的断面为大港桥断面,水质较差的断面为沙塘港口、社渎港、百渎港断面。

（2）武进区及太滆运河典型区域水质评价结果

选取武进区2018年1月—10月的月监测值进行水质评价,武进区主要监测断面共11个(包括国考断面3个、省考断面8个),其中位于太滆运河典型区域范围内断面7个。除2个出境(入湖)断面(百渎港桥、姚巷桥)水质目标为Ⅲ类、1个断面(五牧)水质目标为Ⅴ类外,其他断面均为Ⅳ类标准。

评价结果显示(见表2.2-6),从各断面超标情况可知,位于太滆运河上的百渎港桥断面超标严重,2018年1月—10月均存在超标现象,主要超标因子为氨氮、总磷、COD、五日生化需氧量。其中1月、3月水质情况最差,1月份氨氮值为2.54,超标1.54倍;总磷值为0.390,超标0.95倍;五日生化需氧量值为5.5,超标0.38倍;阴离子表面活性剂为0.220,超标0.10倍;COD值为21.0,超标0.05倍。厚余桥断面水质较好,2018年1月—10月水质监测结果均达标。其他断面均存在不同程度的超标现象,共采集的110份数据(11个断面,每个断面1月—10月10份数据)中,超标的有33份,达标的为77份,超标比重约为30%。

表 2.2-5　宜兴市 2015—2017 年入境/出境（入湖）断面水质因子年均值统计表

单位：mg/L

断面类型	断面名称	水质目标	2015 年				2016 年				2017 年			
			高锰酸盐指数	氨氮	总磷	总氮	高锰酸盐指数	氨氮	总磷	总氮	高锰酸盐指数	氨氮	总磷	总氮
入湖断面	分水	Ⅲ	3.96	1.46	0.24	4.81	4.50	1.17	0.25	4.69	4.53	1.33	0.24	5.05
	丰义桥	Ⅳ	5.57	1.82	0.12	3.86	4.73	1.30	0.12	3.20	4.09	1.54	0.13	4.16
	和桥水厂	Ⅳ	5.43	0.36	0.10	3.61	4.71	0.24	0.13	3.48	4.52	0.40	0.13	2.73
	江步桥	Ⅲ	6.43	1.65	0.08	4.75	6.28	1.42	0.07	4.95	5.21	1.91	0.09	5.82
	姜家	Ⅳ	4.71	1.37	0.30	5.51	4.38	1.18	0.30	5.19	4.34	1.32	0.33	6.74
	潘家坝	Ⅲ	4.38	0.86	0.10	2.72	4.19	0.59	0.11	2.37	4.11	0.74	0.13	2.87
	钟溪大桥	Ⅳ	4.55	1.09	0.29	4.80	4.95	1.16	0.28	4.01	5.02	1.48	0.29	5.59
	塘东桥	Ⅲ	4.59	0.22	0.05	1.89	5.13	0.34	0.07	3.36	3.71	0.59	0.09	3.02
	山前桥	Ⅲ	4.61	0.43	0.10	3.70	4.14	0.51	0.10	3.32	—	—	—	—
出境（入湖）断面	陈东港	Ⅳ	5.15	0.78	0.18	4.16	4.64	0.56	0.20	3.38	4.51	0.79	0.16	4.07
	大港桥	Ⅲ	1.79	0.23	0.02	3.96	1.71	0.22	0.02	3.58	1.39	0.26	0.03	3.29
	大浦港桥	Ⅳ	4.33	0.79	0.12	3.79	4.43	0.53	0.11	3.93	4.65	0.56	0.11	4.61
	官渎港桥	Ⅳ	4.06	1.14	0.15	4.99	3.93	0.67	0.14	4.45	3.99	0.88	0.15	4.74

续　表

断面类型	断面名称	水质目标	2015年				2016年				2017年			
			高锰酸盐指数	氨氮	总磷	总氮	高锰酸盐指数	氨氮	总磷	总氮	高锰酸盐指数	氨氮	总磷	总氮
出境（入湖）断面	洪巷桥	IV	3.91	0.94	0.18	4.84	4.42	0.76	0.17	4.12	4.72	0.81	0.20	5.12
	沙塘港口	IV	5.89	1.03	0.18	5.10	5.72	0.84	0.22	5.07	5.01	0.79	0.18	5.62
	乌溪口	III	5.00	1.08	0.16	5.92	4.38	0.68	0.14	4.80	4.01	0.68	0.11	4.26
	殷村港	III	3.44	1.12	0.21	4.40	4.00	0.75	0.18	4.02	3.94	1.18	0.22	4.68
	杜渎港	IV	4.19	1.27	0.14	4.45	4.54	0.91	0.16	4.74	4.33	1.06	0.15	4.56
	百渎港	III	4.88	1.14	0.27	5.48	4.62	0.95	0.25	4.93	4.29	1.21	0.29	7.48
中间断面	东氿	III	4.88	0.82	0.19	2.62	5.17	0.52	0.18	2.62	5.50	0.78	0.15	2.76
	方溪大桥	III	4.80	0.91	0.20	3.41	5.45	0.60	0.14	2.84	4.78	0.72	0.15	2.54
	和桥桥	IV	4.95	1.26	0.16	3.37	5.43	0.58	0.17	2.90	5.40	1.06	0.14	3.53
	静塘大桥	IV	5.02	0.70	0.14	2.54	5.41	0.32	0.15	2.21	5.47	0.37	0.14	2.15
	陶都大桥	III	3.67	1.17	0.21	3.71	4.72	1.35	0.18	3.60	4.40	1.89	0.17	3.65
	王婆桥	III	6.12	1.33	0.24	3.78	5.50	1.12	0.20	3.65	5.45	0.96	0.17	3.35
	西氿大桥	IV	5.43	0.63	0.20	2.37	5.36	0.47	0.16	2.49	5.39	0.90	0.14	3.03

表 2.2-6 武进区 2018 年控制断面逐月水质评价结果表

单位：mg/L

断面名称	月份	溶解氧	高锰酸盐指数	COD	BOD₅	氨氮	总磷	总氮	阴离子表面活性剂	水质类别	水质目标	超标项目（超标倍数）	达标情况
东尖大桥	1	8.43	4.6	15	3.7	1.82	0.22	5.10	0.078	V	IV	氨氮（超 0.213 倍）	×
	2	6.66	4.5	15	3.2	1.49	0.28	4.42	0.097	IV		—	√
	3	6.95	4.1	14	3.4	1.22	0.29	4.18	0.095	IV		—	√
	4	4.46	4.9	16	3.1	1.38	0.16	3.20	0.082	IV			√
	5	3.15	4.4	15	2.8	1.55	0.25	4.13	0.069	V		氨氮（超 0.03 倍）	×
	6	4.43	4.2	14	2.6	0.90	0.17	3.98	0.090	IV		—	√
	7	4.52	3.5	13	3.0	0.24	0.19	4.96	0.100	IV		—	√
	8	3.03	4.4	16	3.7	0.30	0.19	1.56	0.100	IV		—	√
	9	4.12	5.0	18	3.8	0.32	0.25	4.39	0.080	IV		—	√
	10	5.92	4.0	15	3.8	0.16	0.24	3.58	0.090	IV			√
百渎港	1	7.28	5.2	21	5.5	2.54	0.39	5.78	0.220	劣 V	III	氨氮（超 1.54 倍）；总磷（超 0.95 倍）；BOD₅（超 0.38 倍）；阴离子表面活性剂（超 0.1 倍）；COD（超 0.05 倍）	×
	2	7.95	4.5	20	3.8	1.98	0.34	5.00	0.110	V		氨氮（超 0.98 倍）；总磷（超 0.7 倍）	×
	3	6.92	6.3	25	6.8	2.00	0.11	6.71	0.120	V		氨氮（超 1 倍）；COD（超 0.25 倍）；BOD₅（超 0.05 倍）；高锰酸盐指数（超 0.05 倍）	×

续　表

断面名称	月份	溶解氧	高锰酸盐指数	COD	BOD$_5$	氨氮	总磷	总氮	阴离子表面活性剂	水质类别	水质目标	超标项目（超标倍数）	达标情况
百渎港	4	5.72	4.5	24	5.9	1.74	0.18	4.84	0.090	Ⅴ	Ⅲ	氨氮（超0.74倍）;BOD$_5$（超0.48倍）;COD（超0.2倍）	×
	5	5.43	4.8	20	6.1	0.93	0.10	4.15	0.060	Ⅴ		BOD$_5$（超0.53倍）	×
	6	2.76	3.7	15	5.5	0.96	0.09	3.73	0.020	Ⅴ		BOD$_5$（超0.38倍）	×
	7	3.02	4.9	22	4.2	0.52	0.10	2.94	0.020	Ⅳ		COD（超0.1倍）;BOD$_5$（超0.05倍）	×
	8	2.56	4.1	17	3.4	0.33	0.24	3.47	0.020	Ⅴ		总磷（超0.2倍）	×
	9	5.50	4.5	19	3.0	0.36	0.32	2.99	0.070	Ⅴ		总磷（超0.6倍）	×
	10	5.03	3.5	15	1.8	0.34	0.38	2.08	0.020	Ⅴ		总磷（超0.9倍）	×
厚余桥	1	6.32	5.0	15	3.6	1.47	0.16	2.98	0.090	Ⅳ	Ⅳ	—	√
	2	6.33	5.3	17	3.8	1.43	0.24	4.33	0.080	Ⅳ		—	√
	3	7.40	7.6	24	5.6	1.24	0.25	3.11	0.088	Ⅳ		—	√
	4	4.72	4.0	13	2.2	1.06	0.14	3.61	0.072	Ⅳ		—	√
	5	4.44	3.5	12	2.3	0.41	0.20	2.49	0.074	Ⅳ		—	√
	6	7.64	3.4	10	2.2	0.42	0.17	2.82	0.090	Ⅲ		—	√
	7	5.25	4.8	15	3.5	0.25	0.15	2.02	0.110	Ⅲ		—	√
	8	7.26	3.5	12	3.6	0.33	0.16	2.16	0.070	Ⅲ		—	√
	9	3.92	5.1	19	4.0	0.63	0.16	2.57	0.100	Ⅳ		—	√
	10	7.36	3.5	13	3.5	0.20	0.13	2.72	0.070	Ⅲ		—	√

续　表

断面名称	月份	溶解氧	高锰酸盐指数	COD	BOD₅	氨氮	总磷	总氮	阴离子表面活性剂	水质类别	水质目标	超标项目(超标倍数)	达标情况
五牧	1	6.92	5.7	27	6.9	2.46	0.24	8.95	0.335	劣V	V	氨氮(超0.23倍);阴离子表面活性剂(超0.12倍)	×
	2	8.56	5.6	36	11.8	2.70	0.25	5.52	0.090	劣V		氨氮(超0.35倍);BOD₅(超0.175倍)	×
	3	8.42	4.7	26	8.4	2.86	0.36	6.61	0.100	劣V		氨氮(超0.43倍)	×
	4	4.09	4.6	20	5.4	2.30	0.23	6.75	0.090	劣V		氨氮(超0.15倍)	×
	5	3.73	3.4	17	3.8	1.40	0.29	4.74	0.040	IV		—	√
	6	3.70	3.8	19	4.5	1.34	0.27	3.53	0.020	IV		—	√
	7	2.33	4.6	20	7.4	1.00	0.18	3.46	0.050	V		—	√
	8	2.92	4.0	18	3.0	0.63	0.19	2.99	0.060	V		—	√
	9	3.20	4.5	14	1.8	0.40	0.32	3.66	0.020	V		—	√
	10	3.78	3.4	14	2.7	0.34	0.24	3.07	0.020	IV		—	√
姚巷桥	1	7.20	4.0	24	2.6	2.07	0.12	5.60	0.025	劣V	III	氨氮(超1.07倍);COD(超0.2倍)	×
	2	13.70	3.4	15	2.5	0.32	0.06	2.12	0.025	II		—	√
	3	10.50	3.9	0	2.6	0.34	0.09	3.39	0.020	II		—	√
	4	7.54	4.3	10	3.8	0.64	0.08	4.04	0.020	III		—	√
	5	5.26	4.2	29	4.8	0.60	0.10	4.24	0.020	IV		COD(超0.45倍);BOD₅(超0.2倍)	×

续　表

断面名称	月份	溶解氧	高锰酸盐指数	COD	BOD₅	氨氮	总磷	总氮	阴离子表面活性剂	水质类别	水质目标	超标项目(超标倍数)	达标情况
姚巷桥	6	3.15	4.2	8	4.8	0.60	0.15	4.30	0.020	IV		BOD₅(超0.2倍);溶解氧	×
	7	3.40	5.4	28	6.0	2.00	0.31	5.01	0.020	V		挥发酚(超1倍);总磷(超0.55倍);BOD₅(超0.5倍);COD(超0.4倍);溶解氧	×
	8	5.80	4.4	14	3.0	0.28	0.14	3.62	0.020	III	III		√
	9	3.76	4.5	9	1.8	0.07	0.13	3.16	0.020	IV		溶解氧	×
	10	6.22	4.5	18	2.6	0.13	0.10	3.35	0.020	III			√
黄埝桥(分水)	1	5.22	4.6	15	3.0	1.48	0.18	3.97	0.070	IV		—	√
	2	6.28	5.9	18	4.0	1.48	0.23	3.84	0.080	IV		—	√
	3	6.26	4.9	15	3.6	1.38	0.22	3.44	0.076	IV		—	√
	4	5.01	5.0	16	2.8	1.40	0.15	3.90	0.070	IV	IV	—	√
	5	3.15	4.6	15	3.1	1.12	0.22	3.66	0.076	IV		—	√
	6	5.15	3.9	12	2.4	0.80	0.18	3.73	0.080	III		—	√
	7	2.87	4.2	14	3.3	0.13	0.22	4.37	0.080	V		—	√
	8	3.13	5.1	19	3.8	0.22	0.19	2.32	0.090	IV		—	√
	9	3.47	4.9	16	4.2	0.42	0.26	3.95	0.090	IV		—	√
	10	6.22	4.1	16	4.0	0.11	0.38	3.12	0.080	V		总磷(超0.267倍)	×

续 表

断面名称	月份	溶解氧	高锰酸盐指数	COD	BOD₅	氨氮	总磷	总氮	阴离子表面活性剂	水质类别	水质目标	超标项目(超标倍数)	达标情况
雅浦桥	1	8.01	4.6	15	2.8	1.34	0.24	3.86	0.081	IV	IV	—	√
	2	9.28	4.8	14	3.2	1.24	0.13	3.65	0.078	IV		—	√
	3	8.52	4.6	14	2.8	0.53	0.18	2.37	0.074	III		—	√
	4	6.98	5.3	16	2.7	0.59	0.11	2.54	0.066	III		—	√
	5	7.11	6.4	20	3.8	0.16	0.17	5.31	0.055	IV		—	√
	6	4.96	3.8	12	2.1	0.22	0.13	3.39	0.070	IV		—	√
	7	2.96	5.5	16	3.8	0.11	0.12	4.09	0.080	V		—	√
	8	5.05	5.7	23	4.5	0.20	0.12	2.02	0.080	IV		—	√
	9	5.47	4.8	17	4.4	0.31	0.12	3.81	0.100	IV		—	√
	10	5.67	5.5	23	4.2	0.16	0.13	3.82	0.080	IV		—	√
分庄桥	1	6.56	4.9	15	3.7	1.45	0.18	3.99	0.066	IV	IV	—	√
	2	6.04	5.4	16	3.4	1.38	0.21	4.23	0.085	IV		—	√
	3	6.92	5.7	17	4.4	1.32	0.28	3.68	0.082	IV		—	√
	4	6.66	4.8	15	2.6	1.46	0.20	3.64	0.071	IV		—	√
	5	6.38	4.3	14	2.6	0.92	0.22	3.87	0.090	IV		—	√
	6	6.54	3.9	12	2.4	0.80	0.19	2.49	0.100	III		—	√

续表

断面名称	月份	溶解氧	高锰酸盐指数	COD	BOD$_5$	氨氮	总磷	总氮	阴离子表面活性剂	水质类别	水质目标	超标项目(超标倍数)	达标情况
分庄桥	7	5.47	4.0	15	3.0	0.29	0.22	3.38	0.090	IV	IV	—	√
	8	7.04	4.0	13	3.5	0.31	0.22	2.64	0.100	IV		—	√
	9	6.56	5.0	16	4.0	0.77	0.31	4.28	0.090	V		总磷(超0.033倍)	×
	10	7.94	3.8	14	3.6	0.18	0.43	3.82	0.100	劣V		总磷(超0.433倍)	×
戚墅堰	1	4.34	5.4	16	3.6	1.88	0.21	5.22	0.068	V	IV	氨氮(超0.253倍)	×
	2	4.54	6.1	19	4.0	1.69	0.26	4.81	0.073	V		氨氮(超0.127倍)	×
	3	4.66	4.5	14	3.2	1.43	0.24	3.62	0.064	IV		—	√
	4	4.78	3.0	15	3.6	1.58	0.15	4.83	0.062	V		氨氮(超0.053倍)	×
	5	3.36	2.9	14	3.3	1.26	0.23	3.38	0.080	IV		—	√
	6	4.23	2.4	15	3.5	0.99	0.18	2.08	0.090	IV		—	√
	7	3.74	3.1	16	5.0	0.39	0.20	2.75	0.025	IV		—	√
	8	4.25	3.3	17	4.4	0.55	0.16	2.64	0.104	IV		—	√
	9	4.65	3.6	18	4.8	0.23	0.19	3.29	0.025	IV		—	√
	10	3.44	2.5	9	2.4	0.32	0.21	4.38	0.025	IV		—	√
万塔桥	1	6.77	4.0	15	2.9	1.42	0.22	3.88	0.078	IV	IV	—	√
	2	5.64	6.5	21	4.7	1.56	0.27	4.76	0.066	V		氨氮(超0.04倍)	×
	3	6.34	6.1	19	4.4	1.46	0.27	4.34	0.055	IV		—	√

续 表

断面名称	月份	溶解氧	高锰酸盐指数	COD	BOD5	氨氮	总磷	总氮	阴离子表面活性剂	水质类别	水质目标	超标项目(超标倍数)	达标情况
万塔桥	4	6.60	5.5	16	2.8	1.43	0.28	2.80	0.078	IV	IV	—	√
	5	6.56	5.3	16	3.2	0.72	0.14	4.27	0.062	III		—	√
	6	6.14	4.4	14	2.8	1.28	0.30	3.09	0.110	IV		—	√
	7	5.74	4.8	15	3.7	1.24	0.18	2.72	0.130	IV		—	√
	8	7.04	5.9	24	4.0	0.38	0.25	2.58	0.080	IV		—	√
	9	5.56	4.0	14	3.5	0.33	0.19	2.94	0.120	III		—	√
	10	8.57	3.9	15	3.7	0.35	0.22	3.60	0.140	IV		—	√
钟溪大桥	1	8.20	4.4	14	2.3	1.90	0.19	5.40	0.025	V	IV	氨氮(超0.267倍)	×
	2	8.00	6.2	13	1.8	2.17	0.20	5.75	0.012	劣V		氨氮(超0.447倍)	×
	3	7.04	5.0	12	3.6	2.09	0.15	5.68	0.025	劣V		氨氮(超0.393倍)	×
	4	7.00	5.8	17	3.2	1.75	0.27	6.17	0.012	V		氨氮(超0.167倍)	×
	5	7.32	5.0	14	2.7	1.23	0.27	3.95	0.025	IV		—	√
	6	5.12	5.3	10	3.7	1.09	0.18	3.69	0.012	IV		—	√
	7	3.39	5.0	12	3.2	0.78	0.19	3.91	0.025	IV		—	√
	8	4.93	4.2	12	3.0	0.08	0.25	3.11	0.012	IV		—	√
	9	4.35	5.3	16	2.7	0.62	0.19	2.40	0.025	IV		—	√
	10	5.84	5.1	13	2.5	0.34	0.37	3.83	0.012	V		总磷(超0.233倍)	×

2.3　典型区域的污染物入河量计算

2.3.1　污染物入河量计算方法

（1）区域污染物排放量计算方法

$$W_p = W_{\text{工}p} + W_{\text{生}1p} + W_{\text{生}2p} + W_{\text{畜禽}p} + W_{\text{水产}p} + W_{\text{农}p} \qquad (2.3\text{-}1)$$

式中，$W_{\text{工}p}$ 为工业污染物排放量；$W_{\text{生}1p}$ 为城镇生活污染物排放量；$W_{\text{生}2p}$ 为农村生活污染物排放量；$W_{\text{畜禽}p}$ 为畜禽养殖污染物排放量；$W_{\text{水产}p}$ 为水产养殖污染物排放量；$W_{\text{农}p}$ 为农田污染物排放量。

① 工业污染物排放量计算

$$W_{\text{工}p} = W_{\text{工}zp} + \theta_1 \qquad (2.3\text{-}2)$$

式中，$W_{\text{工}zp}$ 为工业污染物直排量；θ_1 为污水处理厂工业污染物部分的排放量。

② 生活污染物排放量计算

a. 生活污染物产生量

$$W_{\text{产生}1} = N_{\text{城}} \times \alpha_1 \qquad (2.3\text{-}3)$$

式中，$N_{\text{城}}$ 为城镇人口数；α_1 为城镇生活排污系数。根据《第二次全国污染源普查城镇生活源产排污系数手册》，常州市、无锡市属于二区1类城市，人均日干物质排放量 COD 取 60～70 g，氨氮取 5～7 g、总氮取 9～10 g、总磷取 0.6～0.7 g。

$$W_{\text{产生}2} = N_{\text{农}} \times \alpha_2 \qquad (2.3\text{-}4)$$

式中，$N_{\text{农}}$ 为农村人口数；α_2 为农村生活排污系数。人均日废水排放量取 140 L；人均日干物质排放量 COD 取 35～50 g、氨氮取 5.0～5.5 g、总氮取 6～8 g、总磷取 0.4～0.5 g。

b. 城镇生活、农村生活污染物排放量

$$W_{\text{生}1p} = W_{\text{产生}1} \times (1 - \text{城镇生活污水集中处理率}) + \theta_2 \qquad (2.3\text{-}5)$$

式中，θ_2 为污水处理厂生活污染物部分的排放量。

$$W_{\text{生}2p} = W_{\text{产生}2} \times (1 - \text{农村生活污水处理率} \times \text{污染物去除率}) \qquad (2.3\text{-}6)$$

③ 畜禽养殖污染物排放量计算

$$W_{\text{畜禽}p} = \delta_1 \times t \times N_{\text{畜禽}} \times \alpha_3 + \delta_2 \times t \times N_{\text{畜禽}} \times \alpha_4 \qquad (2.3\text{-}7)$$

式中，δ 为畜禽个体日产粪尿量；t 为饲养周期；$N_{畜禽}$ 为饲养数；α 为畜禽粪尿中污染物平均含量。根据《第二次全国污染源普查产排污系数手册》和《农业经济技术手册》，上述参数取值见表 2.3-1、表 2.3-2。畜禽量按照如下关系：30 只蛋鸡＝1 头猪，60 只肉鸡＝1 头猪，3 只羊＝1 头猪，5 头猪＝1 头牛，50 只鸭＝1 头猪，40 只鹅＝1 头猪，60 只鸽＝1 头猪，均换算成猪的量。对畜禽废渣以回收等方式进行处理的污染源，按产生量的 12％计算污染物流失量。

表 2.3-1　畜禽粪尿排泄系数

项目	粪便量（千克/头·日）	尿液量（升/头·日）
猪	1.12	2.55

表 2.3-2　畜禽粪便中污染物平均含量　　单位：kg/t·d

项目	COD	氨氮	总氮	总磷
猪粪	52.0	3.1	5.88	3.41
猪尿	9.0	1.4	3.30	0.52

④ 水产养殖污染物排放量计算

$$W_{水产p} = M_{水产} \times \alpha_5 \qquad (2.3-8)$$

式中，$M_{水产}$ 为水产养殖面积；α_5 为水产养殖排污系数。依据《农业经济技术手册》，COD 排污系数取 15 kg/t，氨氮排污系数取 2 kg/t，总氮排污系数取 3 kg/t，总磷排污系数取 0.3 kg/t。

⑤ 农田污染物排放量计算

$$W_{农p} = M \times \alpha_6 \qquad (2.3-9)$$

式中，M 为耕地面积；α_6 为农田排污系数。根据《第二次全国污染源普查产排污系数手册》和《农业经济技术手册》，上述参数取值见表 2.3-3。

表 2.3-3　农田排污系数　　单位：千克/亩①·年

COD	氨氮	总氮	总磷
10	2.0	7	0.5

———————

①　1 亩≈666.7 m²。

（2）区域污染物入河量计算方法

$$W_r = W_{\text{工}r} + W_{\text{生}r1} + W_{\text{生}r2} + W_{\text{畜禽}r} + W_{\text{水产}r} + W_{\text{农}r} \qquad (2.3\text{-}10)$$

式中，$W_{\text{工}r}$ 为工业污染物入河量；$W_{\text{生}r1}$ 为城镇生活污染物入河量；$W_{\text{生}r2}$ 为农村生活污染物入河量；$W_{\text{畜禽}r}$ 为畜禽养殖污染物入河量；$W_{\text{水产}r}$ 为水产养殖污染物入河量；$W_{\text{农}r}$ 为农田污染物入河量。

① 工业污染物入河量计算

$$W_{\text{工}r} = W_{\text{工}p} \times \beta_1 \qquad (2.3\text{-}11)$$

式中，$W_{\text{工}p}$ 为工业污染物排放量；β_1 为工业污染物入河系数（取值 0.9）。

② 城镇生活污染物入河量计算

$$W_{\text{生}1r} = W_{\text{生}1p} \times \beta_2 \qquad (2.3\text{-}12)$$

式中，$W_{\text{生}1p}$ 为城镇生活污染物排放量；β_2 为城镇生活污染物入河系数（散排取值 0.7，进入污水厂的取值 0.9）。

③ 农村生活污染物入河量计算

$$W_{\text{生}2r} = W_{\text{生}2p} \times \beta_3 \qquad (2.3\text{-}13)$$

式中，$W_{\text{生}2p}$ 为农村生活污染物排放量；β_3 为农村生活污染物入河系数（直排取值 0.5，分散处理过的取值 0.8）。

④ 畜禽养殖污染物入河量计算

$$W_{\text{畜禽}r} = W_{\text{畜禽}p} \times \beta_4 \qquad (2.3\text{-}14)$$

式中，$W_{\text{畜禽}p}$ 为畜禽养殖污染物排放量；β_4 为畜禽养殖污染物入河系数（取值 0.4）。

⑤ 水产养殖污染物入河量计算

$$W_{\text{水产}r} = W_{\text{水产}p} \times \beta_5 \qquad (2.3\text{-}15)$$

式中，$W_{\text{水产}p}$ 为水产养殖污染物排放量；β_5 为水产养殖污染物入河系数（取值 0.4）。

⑥ 农田污染物入河量计算

$$W_{\text{农}r} = W_{\text{农}p} \times \beta_6 \qquad (2.3\text{-}16)$$

式中，$W_{\text{农}p}$ 为农田污染物排放量；β_6 为农田污染物入河系数（取值 0.2）。

2.3.2 宜兴市、武进区及典型区域入河量计算结果

污染源资料主要来源于环境统计数据、第二次全国污染源普查数据、企业排污许可数据、水文水质同步监测数据。应用2.3.1节中的计算方法,分别计算宜兴市、武进区及典型区域入河量。

2.3.2.1 宜兴市社渎港典型区域污染物入河量计算结果

根据污染源基础资料和入河量计算方法,计算得出社渎港典型区域污染物入河量(详见表2.3-4、图2.3-1)。

表 2.3-4 2017年社渎港典型区域污染物入河量计算结果 单位:t/a

污染物种类	工业	城镇生活	农村生活	水产养殖	畜禽养殖	农田	合计
COD	788.03	1 939.55	199.14	41.99	220.56	342.66	3 531.93
氨氮	21.26	122.95	21.91	5.60	17.85	65.02	254.59
总氮	182.27	426.69	31.86	8.40	37.37	218.81	905.40
总磷	3.44	14.78	1.62	0.47	12.27	13.13	45.71

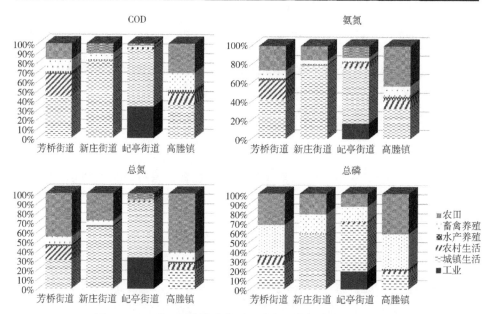

图 2.3-1 2017年社渎港典型区域各乡镇污染物入河量分布

2.3.2.2 武进太滆运河典型区域污染物入河量计算结果

根据污染源基础资料和入河量计算方法,计算得出太滆运河典型区域污染物入河量(详见表2.3-5、图2.3-2)。

表 2.3-5　2017 年太滆运河典型区域总体污染物入河量计算结果

单位：t/a

污染物种类	工业	城镇生活	农村生活	农田	养殖	合计
COD	375.47	1 861.40	510.90	150.60	142.20	3 040.57
氨氮	33.60	166.00	44.50	30.10	17.10	291.30
总氮	97.80	422.40	89.00	105.40	27.80	742.40
总磷	3.35	17.63	5.57	7.53	4.54	38.62

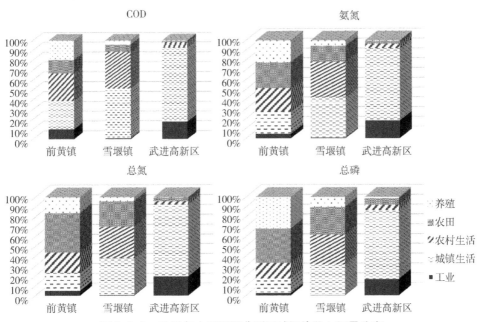

图 2.3-2　2017 年太滆运河典型区域污染物入河量分布

2.3.2.3　宜兴市污染物入河量计算结果

经计算，2017 年宜兴市 COD 入河总量为 14 972.08 t/a，氨氮为 1 691.79 t/a，总氮为 4 382.38 t/a，总磷为 372.60 t/a。各行业污染物入河量中，COD 主要来源于城镇生活源（40%）、农田面源（24%）及畜禽养殖业（16%）；氨氮主要来源于农田面源（39%）、城镇生活源（35%）、畜禽养殖业（11%）及农村生活面源（10%）；总氮主要来源于农田面源（50%）、城镇生活源（28%）及畜禽养殖业（9%）；总磷主要来源于农田面源（38%）、畜禽养殖业（37%）及城镇生活源（19%）。

表 2.3-6　2017 年宜兴市污染物入河量计算结果　　　单位：t/a

行政区划	工业	城镇生活	农村生活	水产养殖	畜禽养殖	农田	合计
COD	1 027.43	6 039.01	1 578.32	412.59	2 327.87	3 586.86	14 972.08
氨氮	27.92	583.76	173.62	55.01	188.39	663.09	1 691.79
总氮	241.02	1 226.86	252.53	82.52	394.36	2 185.09	4 382.38
总磷	4.77	69.50	14.70	5.05	135.87	142.71	372.60

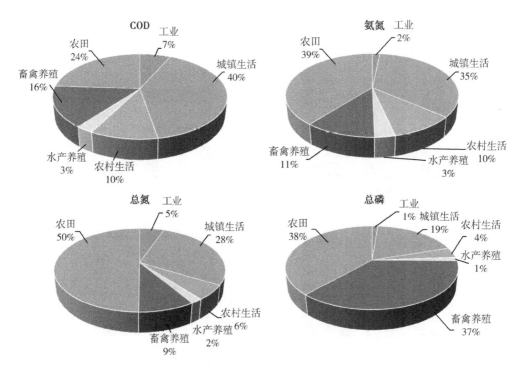

图 2.3-3　2017 年宜兴市各行业污染物入河量占比

2.3.2.4　武进区污染物入河量计算结果

经计算，2017 年武进区 COD 入河总量为 14 431.09 t/a，氨氮为 1 424.72 t/a，总氮为 2 831.82 t/a，总磷为 200.62 t/a。各行业污染物入河量中，COD 主要来源于城镇生活源（46%）、农村生活面源（28%）及工业源（15%）；氨氮主要来源于城镇生活源（42%）、农村生活面源（31%）、工业源（11%）及农田面源（11%）；总氮主要来源于城镇生活源（45%）、农村生活面源（23%）及农田面源（20%）；总磷主要来源于城镇生活源（35%）、农村生活面源（20%）及农田面源（20%）。

表 2.3-7　2017 年武进区污染物入河量计算结果　　　　单位:t/a

污染物种类	工业	城镇生活	农村生活	农田	水产养殖	畜禽养殖	合计
COD	2 207.60	6 677.50	4 054.78	796.14	456.81	238.26	14 431.09
氨氮	160.58	592.22	446.03	159.23	45.99	20.67	1 424.72
总氮	258.30	1 262.12	648.76	557.30	61.32	44.02	2 831.82
总磷	17.50	70.36	40.55	39.81	17.48	14.92	200.62

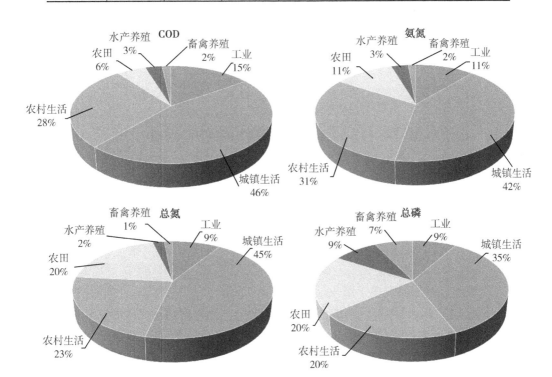

图 2.3-4　2017 年武进区各行业入河量占比

第三章

典型区域模型构建及污染物允许排放量计算

3.1　水质水量数学模型及典型区域精细化模型构建

　　水环境数学模型的构建首先需要确定模型模拟的对象,根据模拟过程和模拟的物质组分的不同,可将地表水生态系统的研究对象分为水动力、水质、富营养化、泥沙、重金属等。根据技术要求,针对引领区的模型的主要目的为模拟河网水系中的水动力、水质的演变过程,因此以下主要对水动力、水质过程进行论述。

　　河流中的运输由平流和扩散过程决定。目前已经发展成可以分别采用一维、二维和三维的模型描述这些过程。对于大多数小而浅的河流,一维模型通常足以模拟水动力与水质过程;关于流速和流向的具体分析则需要河流二维,有时甚至是三维的描述;当横向变化(或者垂向温度变化)是河流的重要特征时,需要使用具有二维变化的模型进行模拟;对于大河流,特别是对于直接流入河口的河流,可能就需要用三维模型;河网虽然具有单一河流的特征,但是又交错复杂,时常出现往复流等,则需对河网进行概化,一般采用一维河网模型来描述其水动力特征。各类不同维度的河流模型及适用条件见表 3.1-1。

表 3.1-1　不同维度河流模型及适用条件

模型分类	模型空间分类					模型时间分类	
	纵向一维模型	河网模型	平面二维	立体二维	三维模型	稳态	非稳态
适用条件	沿程断面均匀混合	多条河道相互连通,使得水流运动和污染物交换相互影响的河网地区	垂向均匀混合	垂向分层特征明显	垂向及平面分布差异明显	水流恒定,排污稳定	水流不恒定,或排污不稳定

3.1.1　模型基本方程

宜兴市、武进区为平原河网水系,且多数河道宽度较窄,水深较浅。为了准确模拟能够反映出河网水系相互连通情景下的水动力、水质过程,选择构建典型区非稳态的一维河网模型。

3.1.1.1　水量方程

水量计算的微分方程是建立在质量和动量守恒定律基础上的圣维南方程组,以流量 $Q(x,t)$ 和水位 $Z(x,t)$ 为未知变量,并补充考虑了漫滩和旁侧入流,方程组如下:

$$\begin{cases} \dfrac{\partial Q}{\partial x} + B_w \dfrac{\partial Z}{\partial t} = q \\ \dfrac{\partial Q}{\partial t} + 2u \dfrac{\partial Q}{\partial x} + (gA - Bu^2)\dfrac{\partial A}{\partial x} + g\dfrac{n^2 |u| Q}{R^{4/3}} = 0 \end{cases} \qquad (3.1\text{-}1)$$

式中,Q 为流量;x 为沿水流方向空间坐标;B_w 为调蓄宽度,指包括滩地在内的全部河宽;Z 为水位;t 为时间坐标;q 为旁侧入流流量,入流为正,出流为负;u 为断面平均流速;g 为重力加速度;A 为主槽过水断面面积;B 为主流断面宽度;n 为糙率;R 为水力半径。

方程组求解方法:Abbott-Ionescu 六点隐式有限差分法。按照网格点的计算顺序交替计算水位或流量,两类计算点又被称为 h 点和 Q 点。首先求解各节点处的水位,然后将各节点水位回代至单一的河道方程中,并最终求得各单一河道各微断面水位及流量。

3.1.1.2　水质方程

河网区水体中污染物对流扩散方程表述如下:

$$\frac{\partial(AC)}{\partial t} + \frac{\partial(QC)}{\partial x} - \frac{\partial}{\partial x}\left(AE_x \frac{\partial C}{\partial x}\right) + S_c - S = 0 \qquad (3.1\text{-}2)$$

$$\sum_{I=1}^{NI}(QC)_{I,j} = (C\Omega)_j \left(\frac{dZ}{dt}\right)_j \qquad (3.1\text{-}3)$$

式(3.1-2)是河道方程,式(3.1-3)是河道叉点方程。式中,Q 和 Z 分别是流量及水位;A 是河道面积;E_x 是纵向分散系数;C 是水流输送的物质浓度;Ω 是河道叉点一节点的水面面积;j 是节点编号;I 是与节点 j 相联接的河道编号;S_c 是与输送物质浓度有关的衰减项,例如可写为 $S_c = K_d AC$,K_d 是衰减因子;S 是外部的源或汇项。

在对方程求解时,时间项采用向前差分的方式,流项则采用上风格式求解,扩散项采用中心差分格式。

3.1.2 模型构建

3.1.2.1 太湖流域典型区域精细化水环境模型河网构建

"十二五"期间,已研究构建了太湖流域模型,但是由于受到前期资料较少、技术水平较低等因素的限制,也存在一定问题:水系格局变化、河网概化程度大、污染源源项识别、模型参数设置不够精准。此研究聚焦于典型区域的精细化,原大网模型已不够满足研究的需要,然而仅建立典型区域范围内模型存在较多不确定性,影响模型的计算准确性,例如:典型区域涉及的边界较多,但多数边界处无水文水位站且不是水质监测点位,模型边界数据无来源;典型区域范围较小,中间率定断面数据较少。因此,在太湖流域大网模型的基础上,本次重新构建了包含典型区域研究范围在内的宜兴、武进(至漏湖东部)水环境数学模型,并围绕典型区域内工业企业集中分布的宜兴经济技术开发区、武进国家高新技术产业开发区开展水文水质同步监测,依据监测结果,对已构建的模型进行精细化处理,最终形成太湖流域典型区域精准化水环境模型。

最终,形成的包含社渎港典型区域的宜兴水环境模型共概化河道48条,节点934个;形成的包含太漏运河典型区域的武进水环境模型共概化河道29条,节点502个;局部精细化的宜兴经济技术开发区水环境模型共概化河道6条,节点25个;局部精细化的武进国家高新技术产业开发区水环境模型共概化河道13条,节点83个。

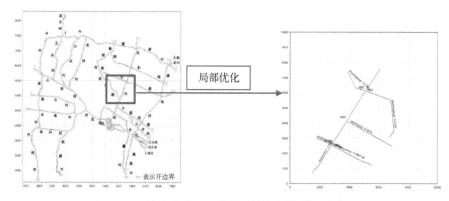

图 3.1-1 社渎港典型区域精细化水环境数学模型河网

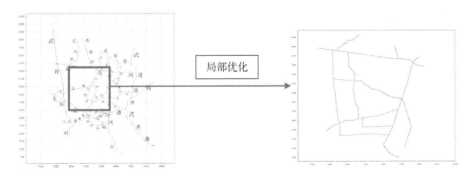

图 3.1-2　太滆运河典型区域精细化水环境数学模型河网概化

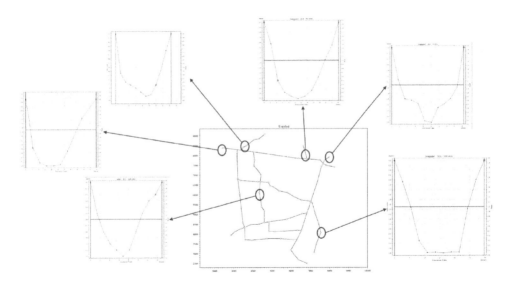

图 3.1-3　武进国家高新技术产业开发区水环境模型实测断面

3.1.2.2　太湖流域典型区域精细化水环境模型边界及初始条件确定

模型边界条件与初始条件的选取与设置是模型构建过程中的重要环节,是影响模型模拟精度与模型模拟结果的主要因素之一。本研究重点针对研究区域的实际水环境特征状况与外部真实条件,合理选取设置模型的边界与初始条件。

(1) 模型边界条件选取原则

河流模型的边界条件通常由边界的流量或水位的时间序列或者分段时间序列进行指定。

① 上游边界条件。上游边界条件提供河流的入流条件,通常用流量或者水位来指定。

② 下游边界。通常设定水位或者水位流量关系曲线。

③ 侧边界。侧向的入流可能来自沿着河岸有测量或者没有测量的区域。

上游边界条件或者下游边界条件通常指定在有水流水质测量数据或者有水坝的地方,这样使得入流和边界条件容易被确定。当河流中的一段没有被计量时,可以通过流域模型,用流域模型的特征来估计入流条件。

河网不仅具有单一河流的特征,而且各个河流之间交错复杂,时常出现往复流等,需对河网形状进行概化,也需考虑河流中水工建筑物和水文观测站的位置。此外,和单一河流一样,也需考虑所有河道和滩区的地形。边界条件最好设在有实测水文测量数据处,如果没有就必须估算边界条件。考虑到河网本身的复杂性,边界条件可分为外部边界条件和内部边界条件。外部边界条件是指模型中那些不与其他河段相连的河段端点(即自由端点),物质流出此处,即意味着流出模型区域,流入也必然是从模型外部流入,这些地方必须给定某种水文条件(如流量、水位值),否则模型无法计算;内部边界是指从模型内部河段某点或某段河长流入或流出模拟河段的地方,诸如降雨径流的入流、工厂排水、自来水厂取水,内部边界条件应根据实际情况设定,是否设定这些边界条件通常不会影响模型的运行,但显然会影响到模拟结果的可靠性。

(2) 模型初始条件选取原则

模型的初始条件指的是水体的初始状态。初始条件仅在与时间相关的模拟中才需要。在任何与时间相关的模拟中,初始条件被用于设定模型的初始值,系统将从初始值开始运行。初始条件应该能反映水体的真实情况,至少简化到可以接受的状况。一般来说,初始条件设置初始水深、初始流速、初始水质等。初始水深基于模拟对象的地形数据。初始条件的设置和水体类型(河流、湖泊、海洋)、模型维数、预测因子等相关,应根据不同对象要求确定,与目标吻合。起转时间是指模型达到统计平衡态的时间。冷启动时,模型从初始态运行,需要起转过程,冷启动初始条件主要来自气象数据、实测数据分析、其他模型的结果或者上述的综合。热启动是模型的再启动,启动条件来自以前模拟的输出结果,可用于消除或减少模型起转时间。水环境数值模型中,流速变化的时间相对较短,为方便起见,在模拟开始时通常将其设定为0。初始水位也是相当关键的,具有较长时间的影响,主要根据划定研究区域内的水体常规水位进行设置。如同真实水体,模型也有对传输、混合和边界力等过程的"记忆"功能。如果模拟时间足够长,那么将来时间的模型变量将对现有条件的依赖微乎其微。如果模拟时间太短,不能消除初始条件的影响,那么模型结果的可靠性就值得怀疑。一个用于克服初始条件影响的有效办法就是留有足够的模型起转时间。适当的边界条件和引入研究区域外部干预,也能帮助消除初始状态的不适定性。

（3）太湖流域典型区域精细化水环境模型边界与初始条件确定

太湖流域典型区域精细化水环境模型水质模型的计算与水动力模型同步进行,水质模型计算边界和初始条件均与水动力模型相一致。

① 宜兴水环境模型及宜兴经济技术开发区水环境模型边界条件及初始条件确定

宜兴水环境模型模拟计算时间为 2017 年全年。起始时刻流速设为 0。上边界为水量,下边界为水位。水动力边界多数采用时间序列文件,数据来自已构建的湖西-武澄水环境数学模型、水文水质同步监测值以及山区河流径流量计算值。COD、氨氮、总氮、总磷初始浓度取各边界所在水体的水功能区水质目标值。水质边界数据采用例行监测断面实测水质数据、水文水质同步监测水质数据,无水质数据的采用各边界所在水体的水功能区水质目标值。

宜兴经济技术开发区水环境模型边界条件及初始条件根据 2020 年 9 月开发区水文水质同步监测结果确定。

② 武进水环境模型及武进国家高新技术产业开发区水环境模型边界条件及初始条件确定

武进水环境模型模拟计算时间为丰（8 月份）、平（10 月份）、枯（3 月份）三季。水文水质边界条件及初始条件均来自收集的水文水质同步监测结果、已构建的太湖流域模型及湖西-武澄模型,无水质数据的采用所在水体的水功能区水质目标值。

武进国家高新技术产业开发区水环境模型边界条件及初始条件根据 2021 年高新区的水文水质同步监测结果确定。

3.1.2.3　太湖流域典型区域精细化水环境模型参数率定验证

（1）模型率定定义及方法

模型参数确定可采用类比、经验公式、实验室测定、物理模型试验、现场实测及模型率定等,可以采用多类方法比对确定模型参数。当采用数值解模型时,宜采用模型率定法核定模型参数。模型率定就是先假定一组参数,代入模型得到计算结果,然后把计算结果与实测数据进行比较,若计算值与实测值相差不大,则把此时的参数作为模型的参数;若计算值与实测值相差较大,则调整参数代入模型重新计算,再进行比较,直到计算值与实测值的误差满足一定的范围。水动力、水质参数包括水文及水力学参数、水质参数等。其中,水文及水力学参数包括流量、糙率等;水质参数包括污染物综合降解系数、扩散系数等。模型率定的第一阶段是用专门的、不作为模型设置的观测数据进行模型调整。模型率定也是设定模型参数的过程,当有相应的观测数据时,模型参数也可以使用曲线拟合的办法进行估计,也可以由一系列的测试运行得出。通过比较模拟结果与实测数据的图形和统计结果,以此进行性能评估,并进行反复试验、调整误差来选择合适的参数值,使其达到可以接受的程度。这个过程不断持续,直到模型能合理地描述观测数据或没有进一步改善为止。除非有具体的数据或资料显示其他的可能性,模型参数应该在时间和空间上保持一致。物理、化学与生物过程,也都应该在空间和时间上保持一致。水质模型率定通常花费更多时间,确定它们的实际过程主要依靠文献值、模型率定和敏感性分析,也就是说,要从文献中选取参数,最好是根据以往相类似的研究来设置,随后运行模型进行参数微调,以使模型结果符合观测数据。

(2) 模型验证定义及方法

模型验证是指在模型参数确定的基础上,通过模型计算结果与实测数据进行比较分析,验证模型的适用性与误差及精度。模型验证应采用与模型参数率定不同组实测资料数据进行。模型率定后的参数值在模型验证阶段不作调整,并使用与模型率定相同的方法对模拟结果进行图形和统计学评估,只是使用不同的观测数据而已。一个可接受的验证结果应该是:模型在各种不同的外部条件下能很好地模拟水体。经过验证的模型仍然会受到限制,这是因为在校验时利用的观测数据其外部条件有局限性,不在这些条件范围内的模型预测是不确定的,为了提高模型的稳定性,如果有可能,应该再用第三批独立的数据来验证模型。

(3) 太湖流域典型区域模型模拟结果

① 宜兴社渎港典型区域精细化水环境模型模拟结果

根据 2017 年 1 月 1 日—12 月 31 日宜兴市水文水位站点及雨量蒸发站逐日实测数据、污染负荷数据,以及 2017 年每月一次的实测水质资料,利用模型对 2017 年宜兴市水文水质情势进行模拟。结合流域各个水利分区的水动力水质特征,选取了宜兴市 2 个地区水文站作为典型站点,对模型水动力情势进行率定,选取 6 个宜兴市中间水质断面,对模型水质情势进行率定。水动力、水质率定点位分布见图 3.1-4,详情见表 3.1-2。

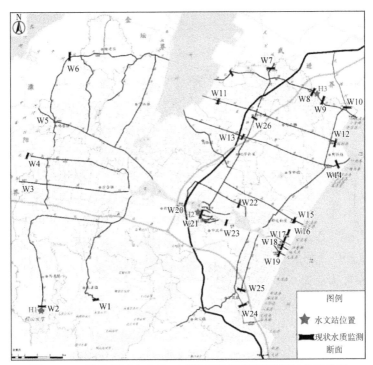

图 3.1-4　研究区域水文站、水质监测断面及率定断面位置分布

表 3.1-2　模型水动力、水质率定断面名称表

断面类型	编号	名称
水动力率定断面	H2	宜兴(南)
	H3	漕桥(三)
水质率定断面	W9	漕桥
	W20	西氿大桥
	W21	世纪大桥
	W22	王婆桥
	W23	东氿
	W26	和桥桥

a. 水动力模型参数率定结果

率定得到宜兴市水环境数学模型水动力参数糙率为 0.028~0.033。根据典型站点的计算、模拟对比结果分析可知:全年期水位模拟结果与实测结果的误差均小于 20 cm,2017 年宜兴市水位过程线趋势与实测资料拟合情况较好,水位计算实测率定见图 3.1-5。

b. 水质模型参数率定结果

以 2017 年每月一次的实测水质资料为基础,选取 6 个断面进行水质降解系

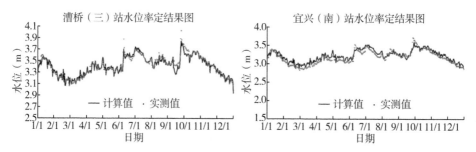

图 3.1-5　2017 年宜兴市水环境数学模型水位计算值与实测值率定

数率定,率定断面所在位置详见图 3.1-4,信息详见表 3.1-2。将模型计算得到各个率定断面的 COD、氨氮、总氮、总磷浓度计算值与实测水质数据进行比较,计算得到相对误差。各率定断面的相对误差均在 30% 以内,浓度值吻合较好。率定得到 COD 降解系数为 0.08~0.15 d^{-1},氨氮降解系数为 0.05~0.10 d^{-1},总氮降解系数为 0.06~0.10 d^{-1},总磷降解系数为 0.05~0.10 d^{-1}。各率定断面的 COD、氨氮、总氮、总磷浓度计算值与实测值对比结果见图 3.1-6~图 3.1-9。

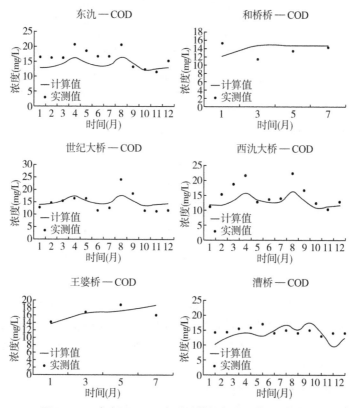

图 3.1-6　各断面 COD 水质计算值与实测值结果对比

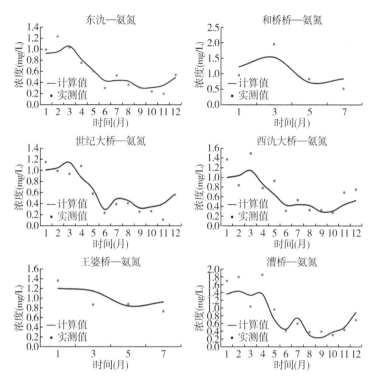

图 3.1-7　各断面氨氮水质计算值与实测值结果对比

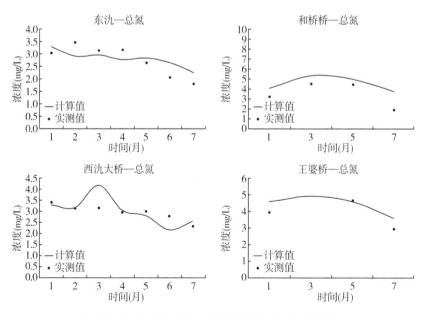

图 3.1-8　各断面总氮水质计算值与实测值结果对比

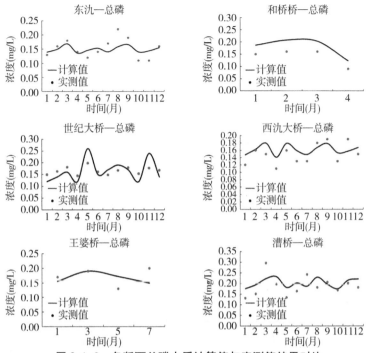

图 3.1-9　各断面总磷水质计算值与实测值结果对比

（2）武进太滆运河典型区域精细化水环境模型模拟结果

① 水动力模型参数率定结果

利用收集到的 2018 年 3 月 29 日—31 日（枯水期）、2018 年 8 月 25 日—27 日（丰水期）、2018 年 10 月 27 日—29 日（平水期）在武进区开展的水文水质同步监测野外实验成果，对建立的武进区河网水动力模型中的参数进行率定，率定得到的河道糙率在 0.018～0.020 之间。由率定结果可知，各断面流量相对误差均在 10％以内（见图 3.1-10～图 3.1-12 及表 3.1-3）。

综合三期率定结果来看，该模型及水动力参数可用于描述研究武进主要河流的水量变化过程。

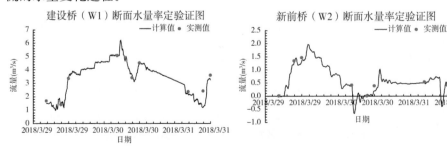

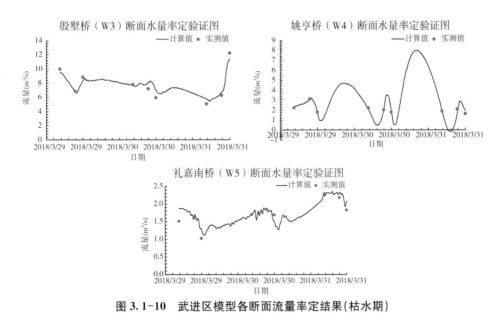

图 3.1-10 武进区模型各断面流量率定结果(枯水期)

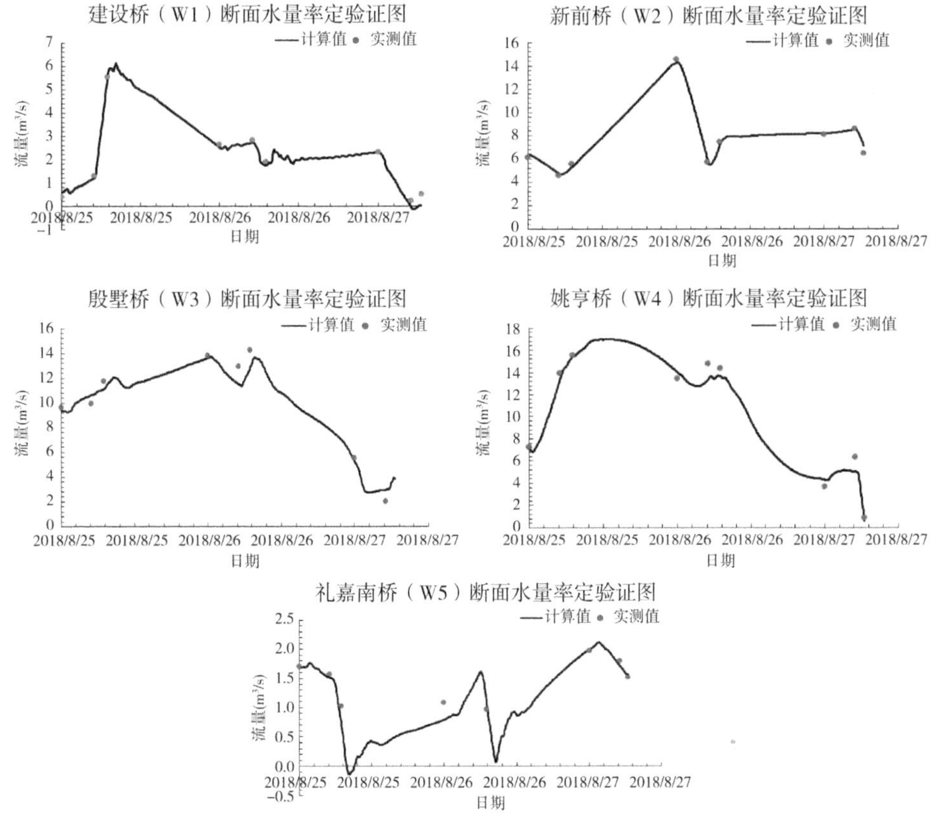

图 3.1-11 武进区模型各断面流量率定结果(丰水期)

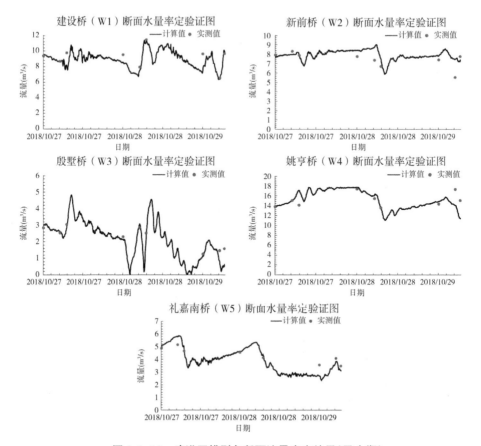

图 3.1-12　武进区模型各断面流量率定结果（平水期）

表 3.1-3　武进区各监测点位水量计算值与实测值相对误差表

断面	月份	计算值（m³/s）	实测值（m³/s）	相对误差（%）
建设桥（W1）	3	2.90	3.07	8.21
	8	1.87	1.94	6.60
	10	8.56	9.14	6.91
新前桥（W2）	3	0.52	0.56	9.98
	8	7.50	7.43	3.64
	10	7.84	7.37	8.73
殷墅桥（W3）	3	7.93	7.75	7.29
	8	9.66	9.96	7.09
	10	2.09	2.26	9.61

续　表

断面	月份	计算值(m³/s)	实测值(m³/s)	相对误差(%)
姚亨桥(W4)	3	2.11	2.07	6.13
	8	9.67	9.98	6.15
	10	14.84	15.05	8.42
礼嘉南桥(W5)	3	1.82	1.74	8.43
	8	1.40	1.46	8.46
	10	4.23	4.29	8.54

② 水质模型参数率定结果

利用收集到的 2018 年 3 月 29 日—31 日在武进区开展的水文水质同步监测野外实验成果,对建立的河网水质模型中参数(枯水期)进行率定,率定得到的 COD 降解系数在 $0.08 \sim 0.12 \ \mathrm{d}^{-1}$ 之间,氨氮降解系数在 $0.08 \sim 0.13 \ \mathrm{d}^{-1}$ 之间,总磷降解系数在 $0.07 \sim 0.12 \ \mathrm{d}^{-1}$ 之间。由率定结果可知,各断面水质相对误差均在 30% 以内,因此,水质模型枯水期参数基本可信(见图 3.1-13～图 3.1-15 及表 3.1-4)。

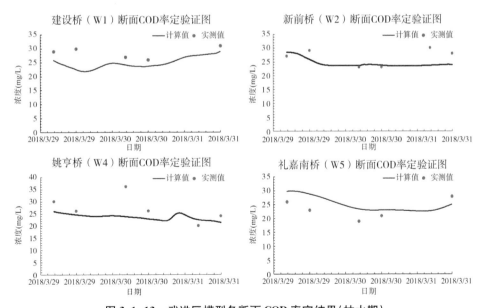

图 3.1-13　武进区模型各断面 COD 率定结果(枯水期)

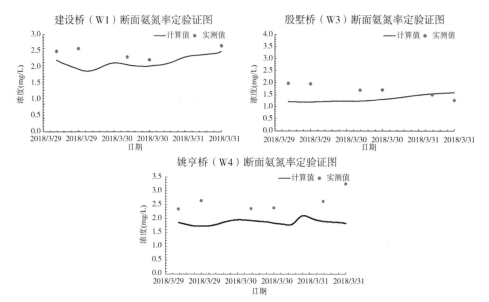

图 3.1-14　武进区模型各断面氨氮率定结果(枯水期)

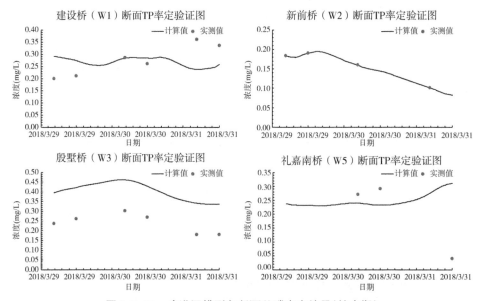

图 3.1-15　武进区模型各断面总磷率定结果(枯水期)

利用 2018 年 8 月 25 日—27 日在武进区开展的水文水质同步监测野外实验成果,对建立的武进区河网水质模型中参数(丰水期)进行率定,率定得到的 COD

降解系数在 $0.09\sim0.1\ \mathrm{d}^{-1}$ 之间,氨氮降解系数在 $0.1\sim0.13\ \mathrm{d}^{-1}$ 之间,总磷降解系数在 $0.09\sim0.12\ \mathrm{d}^{-1}$ 之间。由率定结果可知,各断面水质相对误差均在 30% 以内,因此,水质模型丰水期参数基本可信(见图 3.1-16~图 3.1-18 及表 3.1-4)。

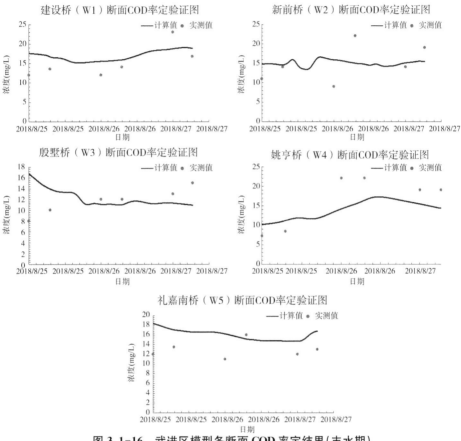

图 3.1-16 武进区模型各断面 COD 率定结果(丰水期)

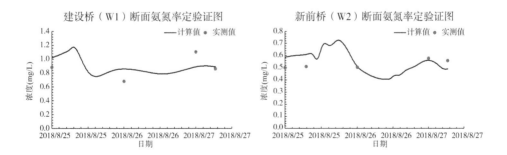

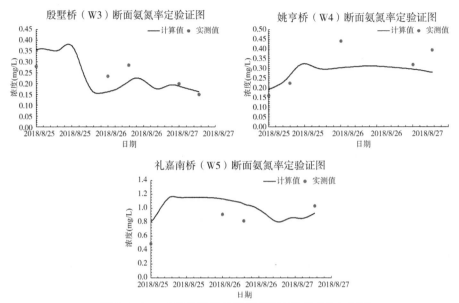

图 3.1-17　武进区模型各断面氨氮率定结果（丰水期）

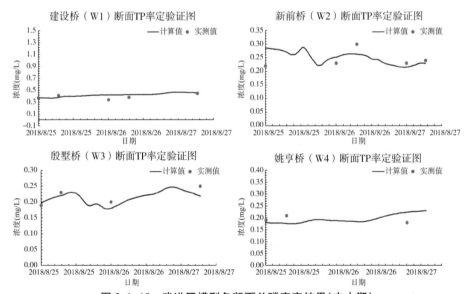

图 3.1-18　武进区模型各断面总磷率定结果（丰水期）

利用 2018 年 10 月 27 日—29 日在武进区开展的水文水质同步监测野外实验成果，对建立的武进区河网水质模型中参数（平水期）进行率定，率定得到的 COD 降解系数为 0.1 d^{-1}，氨氮降解系数为 0.13 d^{-1}，总磷降解系数为 0.12 d^{-1}。由率定结果可知，各断面水质相对误差均在 30% 以内，因此，水质模型平水期参数基本可信(见图 3.1-19~图 3.1-21 及表 3.1-4)。

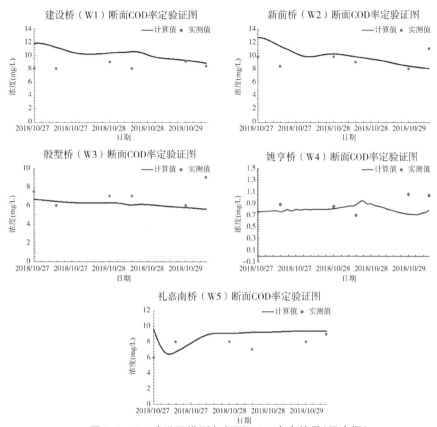

图 3.1-19 武进区模型各断面 COD 率定结果(平水期)

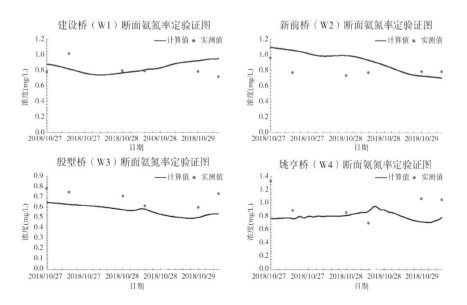

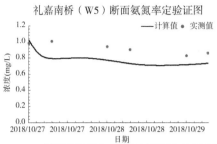

图 3.1-20　武进区模型各断面氨氮率定结果(平水期)

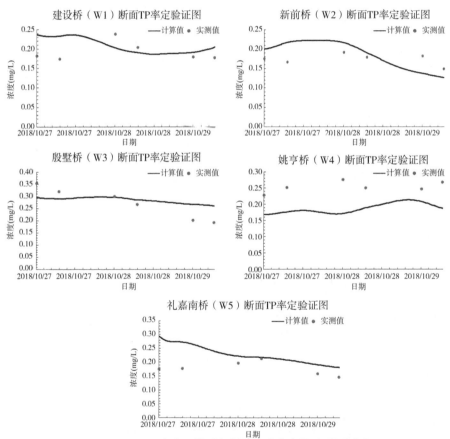

图 3.1-21　武进区模型各断面总磷率定结果(平水期)

综合三期率定结果来看,该模型可用于描述研究区域主要河流的水质变化过程。

表 3.1-4 武进区各监测点位水质因子计算值与实测值相对误差表

断面	月份	COD			氨氮			总磷		
		计算(mg/L)	实测(mg/L)	相对误差(%)	计算(mg/L)	实测(mg/L)	相对误差(%)	计算(mg/L)	实测(mg/L)	相对误差(%)
建设桥(W1)	3	25.50	27.17	6.15	2.03	2.41	15.77	0.27	0.28	3.57
	8	17.26	15.22	13.40	0.94	1.18	20.34	0.42	0.52	19.23
	10	10.35	8.42	22.92	0.86	0.81	6.17	0.21	0.19	10.53
新前桥(W2)	3	24.99	26.67	6.30	—	—	—	0.16	0.14	14.29
	8	15.16	14.83	2.23	0.53	0.57	7.02	0.25	0.22	13.79
	10	10.14	9.33	8.68	0.92	0.80	15.00	0.18	0.17	5.88
殷埠桥(W3)	3	18.01	21.50	16.23	1.35	1.69	20.12	0.24	0.20	20.00
	8	12.53	11.67	7.37	0.24	0.23	4.35	0.21	0.19	10.53
	10	6.17	7.08	12.85	0.58	0.69	15.94	0.28	0.27	3.70
姚亨桥(W4)	3	23.53	27.00	12.85	1.85	2.59	28.57	0.28	0.40	30.00
	8	13.65	16.27	16.10	0.27	0.35	22.86	0.20	0.20	0.00
	10	8.25	8.90	7.30	0.79	0.98	19.39	0.18	0.25	28.00
礼嘉南桥(W5)	3	25.49	21.67	17.63	—	—	—	0.26	0.30	13.33
	8	16.39	12.92	26.86	0.98	0.82	19.51	0.21	0.29	27.59
	10	8.93	7.67	16.43	0.79	0.92	14.13	0.23	0.18	27.78

3.2 基于控制断面及水功能区"双达标"的污染物允许排放量计算方法

3.2.1 基于控制断面及水功能区"双达标"的污染物允许排放量计算方法概述

3.2.1.1 国内外研究进展

水环境容量是环境容量基础的重要组成部分,可用于指导流域总量控制、流域水质目标管理。

20 世纪 60 年代,日本首先提出了污染物排放总量控制概念,即把一定区域内的污染物总量控制在一定的允许限度内,这个"允许限度"实际上就是环境容量[1]。20 世纪 70 年代后,我国开始引入环境容量的概念[2]。自引进水环境容量的概念以来,我国学者开始了环境容量的研究工作[3,4],可以分为以下几个阶段:

(1) 20 世纪 70 年代末至 80 年代初,是起步阶段[5,6]。

此阶段初步提出环境容量的概念,在黄河兰州段、图门江、第一/二松花江、漓江以及渤海、黄海环境质量评价等项目中分别探讨了水污染自净规律、水质模型、水质排放标准制定的数学方法,从不同角度提出和应用了环境容量的概念。

(2)"六五"科技攻关期间,是探索阶段。

此阶段的研究重点在于水环境容量概念及污染物自净规律。早期主要采用简单的数学模型,如稳态、准动态模型,算法采用简单的解析解;研究内容主要是耗氧有机物;研究空间大多局限在小河或者大河的局部河段。

(3)"七五"期间,是初步实践阶段。

水环境容量研究继续被列为"七五"科技攻关课题,理论研究更为深入,应用实践也取得了重大进展。在理论研究方面,应用模型从"六五"期间的单纯描述自然过程的物理模型发展到结合自然过程与人工调控过程的水质-规划-管理模型体系。

(4)"八五"期间,是进一步深化阶段。

"八五"期间,国家环境保护总局组织修订了《中华人民共和国水污染防治法》,并将已有的实用化、系列化的计算方法应用到全国一些重点城市和地区城市综合整治规划、水污染综合防治规划、污染物总量控制规划以及水环境功能区划的编制中,促进了水环境容量应用研究的发展,标志着政府参与到水环境容量总量控制工作中来。

(5)"九五""十五"期间,是全面深化阶段。

"九五"期间,我国发布了《国务院关于环境保护若干问题的决定》和《国家环境保护"九五"计划和 2010 年远景目标》,修改通过了《中华人民共和国水污染防治法》,"流域水污染物总量控制"被列为"十五"科技攻关课题,为污染物总量控制和管理提供了理论基础。

(6)"十一五""十二五""十三五"期间,是全面应用阶段。

"十一五"期间,全国水环境管理开始从目标总量控制向容量总量控制转变,并在 2006 年首次制定了《水域纳污能力计算规程》,本次研究以"十三五"水体污染与防治课题为主要依托,将环境容量与排污许可限值相联系,进行典型区域重点行业排污许可限值及核定方法的研究。

3.2.1.2 水环境容量的应用

目前,水环境容量被普遍定义为:水体在规定的环境目标下所能容纳的污染物的最大负荷,其大小与水体特征、水质目标及污染物特性有关。通常以单位时间内水体所能承受的污染物总量表示,水环境容量也可被称为水域的纳污能力。

水环境容量除以点源入河系数,即为点源(工业源、生活源)的污染物最大允许排放量(指陆域部分)。

基于水环境容量在国内的发展,多位学者结合流域的水环境容量计算结果,提出流域环境问题及切实可行的环境治理法,为区域的环境发展提供理论支撑。

夏新波等[7]基于项目中 A 河道和 B 河道的水环境现状分析成因,并计算污染物入河量及水环境容量,从而提出具有针对性的综合治理措施,取得了良好的治理效果。淦家伟等[8]以滇池流域现有的水循环过程和水资源条件为背景,采用典型水文年过程重新核算了滇池的水环境容量,研究了入湖河流的水质目标浓度管控方案,确定了入湖河流的生态环境流量需求,并提出了流域水环境承载力的提升方案。徐博文等[9]为确保南京市浦口区城南河省考断面——龙王庙断面水质稳定,根据研究区域内城南河水系特征开展实地水样采集与水质监测,并构建研究区域一维非稳态水环境数学模型,结合水环境容量计算方法,确定城南河氨氮及总磷水环境容量及削减比例,为断面稳定达标提出建议与参考。张秀菊等[10]突破传统的以 90% 设计枯水流量为计算条件,以萧河流域为例,研究动态水环境容量。刘兰芬等[11]根据中、小河流河宽和深度相对较小,污染物在断面上分布较均匀的特点,对其水环境容量的预测方法及必须考虑的条件进行了研究,提出了一套河流水环境容量的预测模式。代文江等[12]针对西宁市湟水河流域明杏桥至平安区小峡桥之间的河流污染现状,分析研究了该河段出口断面水质不达标的主要原因,认为经过精准治理后,河流呈现一定的纳污能力,能够保证出口断面水质达标,对于改善湟水河流域水环境有重要意义。杨博林等[13]调研了汤逊湖污染源现状,对比了汤逊湖水环境容量,并利用 MIKE 21 进行了汤逊湖的水动力-水质耦合,模拟汤逊湖水质现状,在此基础上论证了内水系连通方案下水动力的改善情况。彭逸喆等[14]基于地表水环境容量计算方法,对湖南工业废水铊污染物排放控制进行了研究。李冰阳等[15]为准确分析平原河网区水环境容量,提出了基于点、面源入河季节性特征的水环境容量计算方法。胡怡等[16]综合采用数学模型、层次分析法等,从资源占用、水动力及水环境容量、生态环境影响等角度开展规划优化方案与原规划方案的对比。结果表明,优化方案能更好地兼顾港口发展和生态环境保护,其研究思路可为沿海生态型港口规划提供借鉴。胡开明等[17]利用构建的江苏区域水量水质数学模型,依据水环境功能区的水质目标与水域面积,估算了各地区水环境容量,量化出各地区污染物入河总量,对各地区水质目标可达性进行分析。胡秀芳等[18]以水质改善为目标,从时间、空间的角度分析寇河水质变化趋势与规律,确定导致水质变化的主要因子,划定寇河汇水区域。采用一维水质模型,模拟 COD 和氨氮水质现状变化趋势,结合环境容量和各控制单元内污染源的分布状况,计算得到允许排放量,为寇河水质考核达标提供技术支撑与依据。晋燚铠[19]以辽河干流为研究对象,针对水环境质量波动情况,开展不同水文条件下的总量控制研究,为污染物总量控制与水质管理提供指导和依据,实现入海河流水质持续改善的目的。张万顺等[20]基于"空-地-水"一体化模型体系,构建了城市河网动态水环境容量计算模型,以粤港澳大湾区惠州市金山湖流域为典型区域,定量核算了2017年金山湖流域全年COD和总磷动态水环境容量,为流域治理提供科学支撑。卢蕾吉等[21]为有效分析通海县水资源承载能力,采用一维模式对杞麓湖的水环境容量进行了分析,并参考了其环境监测数据,提出了提升杞麓湖水资源环境承载力的对策及建议。黄乐[22]以重庆市梁滩河为例,对流域的水环境容量与目标削减量测算方法进行研究,对提升水环境综合整治的效果和效率,具有一定的借鉴意义和参考价值。洪夕媛等[23]对永定河流域张家口段水质进行模拟,并计算流域水环境容量,从而确定流域的不同指标的削减任务。

3.2.1.3　水环境容量问题探讨

水环境容量研究是实施水污染总量控制和水环境管理的重要基础,但我国当前的水环境容量计算仍存在以下几点问题[24-29]:

(1)水质目标的确定及评价因子选取依据不充分;

(2)对水环境容量动态变化考虑不足;

(3)计算模型的选取存在主观性;

(4)非点源污染定量化研究较弱;

(5)水质污染总量控制的行政管理机制有待完善;

(6)主要着眼于模拟污染物的运动规律,如何进而探讨水环境容量的大小有待加强,研究特殊类型水体的容量研究有待深入,混合区理论有待加强。

3.2.2　基于控制断面及水功能区"双达标"的污染物允许排放量计算方法研究

3.2.2.1　概念

(1)水环境容量

在设计水文条件下,满足计算水域的水质目标要求时,该水域所能容纳的某种污染物的最大数量,又称作水域纳污能力。

(2)最大允许排放量

水环境容量除以点源入河系数,即为点源(工业源、生活源)的污染物最大允许排放量(指陆域部分)。

（3）排污许可限值

排污许可证中规定的允许排污单位排放的污染物最大排放量。

3.2.2.2　计算步骤及方法

（1）典型区域基本资料调查分析

① 水文资料：水利工程（闸站）分布及调度资料；

② 水质资料：区域污染源及入河排污口资料；

③ 地形资料：河流断面资料；

④ 行政区划、水功能区划、水环境敏感目标分布、水生态功能分区、控制单元等。

（2）污染物确定及概化排口

根据区域现状及规划产业布局要求，分析区域产生的主要污染物种类，作为典型区域允许排放量核定的主要污染物。

根据污染特性，应以影响重点控制断面的主要污染物作为允许排放量核定的污染物，排污口概化方法具体如下。

多个排污口概化方法见图 3.2-1，图中 1 号、2 号、3 号排污口可合并为 1 个排污口 $1^{\#}$。

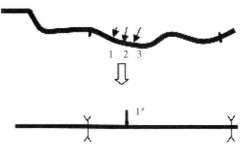

图 3.2-1　排污口概化示意图

排污口概化的重心计算见公式（3.2-1）：

$$X = \frac{(Q_1 C_1 X_1 + Q_2 C_2 X_2 + \cdots + Q_n C_n X_n)}{(Q_1 C_1 + Q_2 C_2 + \cdots + Q_n C_n)} \tag{3.2-1}$$

式中，X 为概化的排污口到功能区划下断面或控制断面的距离，单位为 m；Q_n 为第 n 个排污口（支流口）的水量，单位为 $\mathrm{m^3/s}$；X_n 为第 n 个排污口（支流口）到功能区划下断面的距离，单位为 m；C_n 为第 n 个排污口（支流口）的污染物浓度，单位为 mg/L。

（3）允许排放量核定方法选择

① 总体达标法

总体达标法可参照《省水利厅、省发展和改革委关于水功能区纳污能力和限制排污总量的意见》(苏水资〔2014〕26 号)执行。

根据河网区域地表水(环境)功能区划及污染物综合降解系数,采用零维模型计算出各计算单元最小空间范围和最小时间长度的污染物最大负荷,确定典型区域在规定的水质目标下的允许排放量。

总体达标计算法采用零维模型进行水质计算,示意图见图 3.2-2。

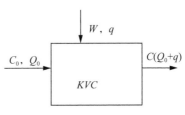

图 3.2-2　零维模型示意图

总体达标法计算见公式(3.2-2):

$$W = \sum_{j=1}^{n} \sum_{i=1}^{m} \alpha_{ij} \times \left[31.536 Q_{0ij}(C_{sij} - C_{0ij}) + 0.035\,6 KVC_{sij} \right]$$

$$(3.2-2)$$

式中,W 为水环境容量,单位为 t/a;Q_{0ij} 为设计水文条件下的流量,单位为 m³/s;V_{ij} 为设计水文条件下的水体体积,单位为 m³;C_{sij} 为功能区水质目标,单位为 mg/L;C_{0ij} 为上游来水水质浓度,单位为 mg/L;K 为污染物综合降解系数,单位为 d⁻¹;α_{ij} 为不均匀系数。

② 控制断面达标法

当控制断面上游有多个排污口时,可采用概化排污口方法或建立控制断面水质与上游排污量关系曲线的方法,进行上游排污控制量计算。依据水功能区水质边界条件,在设计水文条件下,采用水质数学模型,计算满足考核断面水质达标要求的污染源最大允许排放量。

(4) 计算参数确定

① 设计水文条件

计算典型区域污染物允许排放量,河网内河流应采用 90% 保证率下的最枯月平均流量或近 10 年最枯月平均流量作为设计流量。

② 边界水质条件

以典型区域边界处的水环境功能区划的水质目标值作为水质边界条件。

③ 污染物综合降解系数

污染物综合降解系数可采用类比法、室内实验室率定法、原位水文水质同步监测率定法确定。

a. 类比法

核定水域以往工作和研究中的污染物综合降解系数值经过分析检验后可以

采用;无核定水域的资料时,可借用水力特性、污染状况及地理、气象条件相似的有资料地区的污染物综合降解系数值。

b. 室内实验室率定法

根据不同水体特点(河宽、水深等)进行野外采样及室内水质分析,根据其降解规律求解静水(或动水、或考虑水生生物的影响)条件下的污染物综合降解系数。

c. 原位水文水质同步监测率定法

制定研究区域水文、水质同步监测方案并开展同步监测,通过监测值与模型计算得到的水质、水量值的对比分析,调整模型参数使模型计算值与实测值的误差最小,从而率定得到污染物综合降解系数值。

d. 不均匀系数

由于污染物进入水体后,一般很难在短距离内达到全断面均匀混合,即参与污染物稀释降解的只是部分水体,此时需要对水环境容量结果进行不均匀系数修正,不均匀系数取值范围$\in(0,1)$。影响河流不均匀系数的主要因素为河宽、流量、水深等,河流越宽、流量越大、水深越深,不均匀系数值越小。河流不均匀系数参考值见附录 B。

(5) 基于"双达标"的污染物允许排放量计算

应用总体达标法计算基于水功能区达标的污染物允许排放量。

应用断面达标法计算基于控制断面达标的污染物允许排放量。

基于控制断面达标的污染物允许排放量和基于水功能区达标的污染物允许排放量中的较小值,确定为基于"双达标"的污染物允许排放量。

3.3 社渎港典型区域污染物"双达标"允许排放量计算

3.3.1 水质目标确定

为了便于考核水质情况,目前主要采用水功能区考核和考核断面考核两种方式,二者均设定了规划的水质目标,但有时会存在二者水质目标不一致的情况。宜兴典型区域范围内有 6 个控制断面,水质目标如图 3.3-1,典型区域范围内水功能区水质均为Ⅲ类。考虑到水功能区水质目标相较考核断面水质更加长远,更加符合改善太湖水质的目的,因此本次控制断面水质目标设定为Ⅲ类。

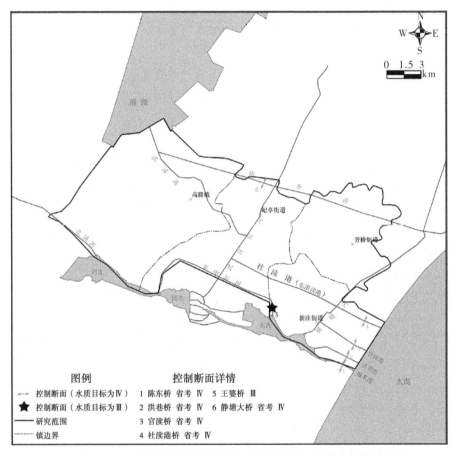

图 3.3-1 社渎港典型区域范围、控制断面及水质目标分布

3.3.2 排污口概化

基于研究区域各类污染源污染物入河量的统计计算结果,在宜兴总体排污口的基础上,将研究区域(典型区域)的污染源按照排放位置精细化处理,依据排污口概化原则,共计概化 16 个排污口,概化排口详细信息及排放量见图 3.3-2、表 3.3-1。

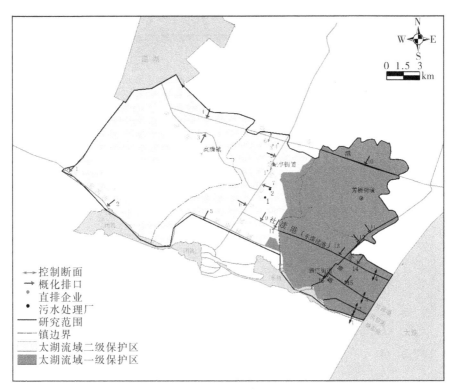

图 3.3-2 社渎港典型区域概化排口、考核断面及敏感目标位置分布

表 3.3-1 社渎港典型区域研究区域概化排污口信息表

概化排口编号	现状废水量（万 t/a）	现状COD（t/a）	现状氨氮（t/a）	现状总氮（t/a）	现状总磷（t/a）	污染物明细	排水去向
1	343.0	121.0	17.8	49.9	4.2	32%高塍镇水产、畜禽养殖面源，32%高塍镇农田、农村生活面源	北溪河
2	555.9	206.0	29.7	82.5	7.5	51%高塍镇水产、畜禽养殖面源，51%高塍镇农田、农村生活面源，宜兴市八达养鸡场，常州鑫达畜禽养殖有限公司	北溪河
3	143.1	307.5	36.9	61.1	6.7	8%高塍镇水产、畜禽养殖面源，8%高塍镇农村生活面源，8%高塍镇农田、农村生活面源，100%高塍城镇生活面源，宜兴市凯润牧业有限公司	湛渎港

概化排口编号	现状废水量（万 t/a）	现状COD（t/a）	现状氨氮（t/a）	现状总氮（t/a）	现状总磷（t/a）	污染物明细	排水去向
4	99.5	35.1	5.2	14.5	1.2	9%高塍镇水产、畜禽养殖面源，9%高塍镇农田、农村生活面源，9%高塍镇农村生活面源	烧香港
5	109.8	101.5	11.2	24.8	1.5	21%屺亭街道水产、畜禽养殖面源，21%屺亭街道农田、农村生活面源，21%屺亭街道城镇生活面源，10%企业面源	芜申运河
6	62.5	52.5	4.9	13.0	0.7	9%屺亭街道水产、畜禽养殖面源，9%屺亭街道农田、农村生活面源，9%屺亭街道城镇生活面源，10%企业面源	武宜运河
7	4 077.4	1 670.5	39.2	420.2	8.2	污1、污2，20%屺亭街道水产、畜禽养殖面源，20%屺亭街道农田、农村生活面源，20%屺亭街道城镇生活面源，10%企业面源	武宜运河
8	314.3	244.7	20.2	46.0	4.0	工1、工2、工3、工4，27%屺亭街道水产、畜禽养殖面源，27%屺亭街道农田、农村生活面源，27%屺亭街道城镇生活面源，宜兴市惠农养猪技术服务专业合作社，10%企业面源	武宜运河
9	265.1	201.1	14.4	50.5	2.0	24%屺亭街道水产、畜禽养殖面源，24%屺亭街道农田、农村生活面源，24%屺亭街道城镇生活面源，60%企业面源	东氿渎港
10	70.2	36.1	4.7	11.8	0.9	20%芳桥街道水产、畜禽养殖面源，20%芳桥街道农田、农村生活面源	烧香港
11	179.3	216.3	27.2	49.4	3.2	42%芳桥街道水产、畜禽养殖面源，42%芳桥街道农田、农村生活面源，100%芳桥街道城镇生活面源	横塘河
12	129.1	66.3	8.7	21.7	1.6	37%芳桥街道水产、畜禽养殖面源，37%芳桥街道农田、农村生活面源	横塘河
13	38.1	13.6	1.9	5.7	0.5	27%新庄街道水产、畜禽养殖面源，27%新庄街道农田、农村生活面源	东氿渎港

续　表

概化排口编号	现状废水量（万 t/a）	现状COD（t/a）	现状氨氮（t/a）	现状总氮（t/a）	现状总磷（t/a）	污染物明细	排水去向
14	8.9	3.2	0.5	1.3	0.1	6%新庄街道水产、畜禽养殖面源、6%新庄街道农田、农村生活面源	东渎渎港
15	48.4	17.3	2.5	7.2	0.6	34%新庄街道水产、畜禽养殖面源，34%新庄街道农田、农村生活面源	官渎港
16	97.7	239.3	29.7	46.0	2.8	32%新庄街道水产、畜禽养殖面源，32%新庄街道农田、农村生活面源，100%新庄街道城镇生活面源	横塘河
合计	6 542.3	3 532	254.7	905.6	45.7		

3.3.3　污染物允许排放量计算

利用已构建的水环境数学模型计算结果（流量、流速、分流比等），计算满足90%枯水保证率下的污染物允许排放量，其中上边界水质条件为功能区水质目标。

典型区域的允许排放量是指社渎港典型区域监测断面在满足Ⅲ类水质标准的基础上典型区域所能容纳的污染物的最大负荷。在现状排污量下，社渎港不能满足水质目标。依据社渎港典型区域的污染源计算结果，污染源来自城镇生活源、工业源、农田面源、养殖业、农村生活源，依据各类污染源的削减潜力及调节系数对各类污染源进行削减，减少排入典型区域的污染物量，使得社渎港水质达到Ⅲ类水质标准。研究区域共有4家直排企业、2个污水厂，对工业而言，可通过将产生工业污染的直排企业接管、对污水厂处理的工业污水进行回用等方式达到减少工业对总排污量的贡献；宜兴市生活污染源现状接管率为64.1%，可通过提高宜兴市污水收集处理率减少城镇生活面源的污染物排放；农田面源也是社渎港典型区域污染物主要来源之一，农田主要分布在靠近太湖及滆湖的农村，农田面源的排放影响太湖水质，可通过建立生态沟渠、使用有机肥等方法，减少农田面源污染物量。在削减潜力的基础上，综合分析社渎港典型区域的产业布局、土地利用现状、生态敏感区分布以确定不同区域的调节系数，最终以削减潜力及调节系数为主要依据，确定社渎港典型区域污染物允许排放量及工业允许排污量。详情见表3.3-2及表3.3-3。

表 3.3-2 概化排口允许排污量计算结果与现状入河量对比表

概化排口编号	现状排污量 (t/a)				允许排污量 (t/a)				削减比例（%）				概化排口所在河道
	COD	氨氮	总氮	总磷	COD	氨氮	总氮	总磷	COD	氨氮	总氮	总磷	
1	121.0	17.8	49.9	4.2	103.3	15.2	42.5	3.6	15	15	15	15	北溪河
2	206.0	29.7	82.5	7.5	177.4	25.4	70.5	6.5	14	14	15	14	北溪河
3	307.5	36.9	61.1	6.7	197.9	27.4	40.8	5.2	36	26	33	23	湛溪港
4	35.1	5.2	14.5	1.2	30.0	4.4	12.3	1.0	15	15	15	15	烧香港
5	101.5	11.2	24.8	1.5	54.1	8.2	14.1	1.0	47	27	43	34	芜申运河
6	52.5	4.9	13.0	0.7	22.6	3.4	5.9	0.4	57	30	55	38	武宜运河
7	1 670.5	39.2	420.2	8.2	1 675.1	37.1	422.7	7.9	0	5	-1	4	武宜运河
8	244.7	20.2	46.0	4.0	99.9	13.0	23.4	3.1	59	35	49	22	武宜运河
9	201.1	14.4	50.5	2.0	62.0	9.4	16.2	1.1	69	35	68	45	东潴溇港
10	36.1	4.7	11.8	0.9	31.0	4.1	10.1	0.7	14	14	15	15	烧香港
11	216.3	27.2	49.4	3.2	143.2	20.5	34.8	2.3	34	24	30	28	横塘河
12	66.3	8.7	21.7	1.6	56.9	7.5	18.5	1.4	14	14	15	15	横塘河
13	13.6	1.9	5.7	0.5	11.6	1.7	4.8	0.4	15	15	15	15	东潴溇港
14	3.2	0.5	1.3	0.1	2.7	0.4	1.1	0.1	15	15	15	15	东潴溇港
15	17.3	2.5	7.2	0.6	14.7	2.1	6.1	0.5	15	15	15	15	官溇港
16	239.3	29.7	46.0	2.8	138.2	21.1	27.6	1.7	42	29	40	39	横塘河
合计	3 532	254.7	905.6	45.7	2 820.6	200.9	751.4	36.9	20	21	17	19	

表 3.3-3　宜兴社渎港典型区域工业允许排放量　　　　单位:t/a

类型	COD 排放量	氨氮排放量	总氮排放量	总磷排放量
工业现状排放量	788.0	21.3	182.3	3.4
工业允许排放量	632.7	16.3	153.7	2.8
工业削减量	155.3	5.0	28.6	0.6

3.4　太滆运河典型区域污染物"双达标"允许排放量计算

3.4.1　水质目标确定

武进太滆运河典型区域共包括 7 个考核断面,其中国控断面 2 个(百渎港桥、姚巷桥),省控断面 5 个。两个国控断面水质目标为Ⅲ类标准,其他断面水质目标均为Ⅳ类标准。断面分布见图 3.4-1,详细信息见表 3.4-1。

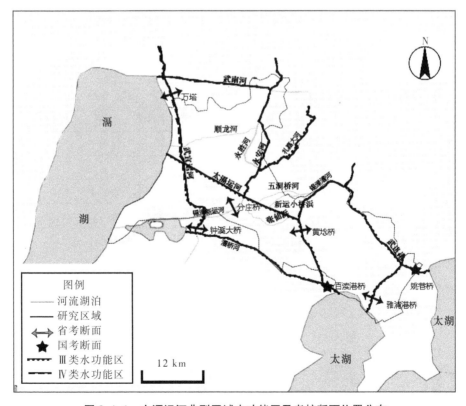

图 3.4-1　太滆运河典型区域水功能区及考核断面位置分布

表 3.4-1　太滆运河典型区域控制断面信息表

序号	河流	考核断面名称	类型	水质目标
1	太滆运河	黄埝桥	省考断面	IV
2		百渎港桥(宜兴境内)	国考断面	III
3	锡溧新运河	分庄桥	省考断面	IV
4	武宜运河	钟溪大桥	省考断面	IV
5		万塔	省考断面	IV
6	武进港	姚巷桥	国考断面	III
7	雅浦港	雅浦港桥	省考断面	IV

　　太滆运河典型区域共有水功能区 9 个,主要分布在武宜运河、太滆运河、锡溧运河、永安河、武南河及武进港,总长度 98.9 km。详细信息见图 3.4-1、表 3.4-2。

表 3.4-2　太滆运河典型区域水功能区基本情况信息表

序号	水功能区	河流湖库	起始断面	终止断面	长度 (km)	水质目标
1	武宜运河武进工业、农业用水区	武宜运河	丫河口	寨桥东沙	19.3	IV
2	武宜运河武进过渡区	武宜运河	寨桥东沙	武宜界	3.3	III
3	太滆运河武进过渡区	太滆运河	滆湖	坊前	3.2	III
4	太滆运河武进工业、农业用水区	太滆运河	坊前	锡溧运河	11.2	III
5	太滆运河江苏缓冲区	太滆运河	锡溧运河	太湖	8.1	III
6	锡溧运河武进工业、农业用水区	锡溧运河	太滆运河	武锡界	18.0	IV
7	永安河武进工业、农业用水区	永安河	采菱港	太滆运河	15.0	IV
8	武南河武进工业、农业用水区	武南河	滆湖东闸	永安河	10.0	IV
9	武进港江苏缓冲区	武进港	锡溧运河	太湖	10.8	III

3.4.2　排污口概化

　　依据污染物分布及污染源计算结果,根据概化排口原则,在太滆运河典型区域共概化排污口 14 个,概化排口信息详见表 3.4-3,概化排口位置分布见图 3.4-2。

表 3.4-3　太滆运河典型区域概化排口信息表　　　单位：t/a

排放去向		概化排口序号	污染源明细	COD排放量	氨氮排放量	总氮排放量	总磷排放量
1	武南河	1	武南污水处理厂,常州市陶冶纺织辅料有限公司,常州市武进信达化工自动化研究所有限公司,江苏恒立高压油缸有限公司,1/8 高新区城镇生活、农村生活、农田、养殖面源	1 342.9	133.3	395.0	13.5
2	永安河	2	常州市武进庙桥新阳电镀厂,1/32 高新区城镇生活、农村生活、农田、养殖面源	17.0	1.4	2.9	0.2
		3	常州市常武橡塑制品有限公司,常州泰瑞美电镀科技有限公司,15/32 高新区城镇生活、农村生活、农田、养殖面源	230.7	19.4	39.6	2.7
		9	常州市武进前黄电镀有限公司,常州天波化工有限公司,常州市武进前黄新园化工有限公司,常州华伦热电有限公司,常州灵发玻钢材料有限公司,常州市武进寨桥化工有限公司,常州市建宝新型建材厂,常州市创维化工有限公司,1/4 前黄镇城镇生活、农村生活、农田、养殖面源	127.1	13.7	31.1	2.6
3	太滆运河	4	常州市武进立帆农机配件厂,常州市卓润机械制造厂,2/25 前黄镇城镇生活、农村生活、农田、养殖面源	38.3	4.2	9.7	0.8
		6	常州市武进坊前电镀厂,常州市铸鼎机械有限公司,常州市武进恒通金属钢丝有限公司,常州顺安水泥有限公司,21/100 前黄镇城镇生活、农村生活、农田、养殖面源	105.1	11.4	25.9	2.2
		10	常州市通乾机电有限公司,江苏武蕾机械有限公司,常州市申江压缩机有限公司,常州市宇清重工机械有限公司,漕桥污水处理厂,1/5 雪堰镇城镇生活、农村生活、农田、养殖面源	192.2	15.9	36.9	2.1
		12	太湖湾污水处理厂,1/5 雪堰镇城镇生活、农村生活、农田、养殖面源	170.5	14.3	31.8	2.0

续　表

排放去向		概化排口序号	污染源明细	COD排放量	氨氮排放量	总氮排放量	总磷排放量
4	武宜运河	5	常州市武进武南印染有限公司,常州市常盛机械铸造有限公司,3/8高新区城镇生活、农村生活、农田、养殖面源	201.1	16.6	33.9	2.3
		7	常州市武进寨桥电镀有限公司,常州市德美机械有限公司,常州市常英机械有限公司,常州市常协柴油机机体有限公司,江苏鑫和泰机械集团有限公司,常州市武进双惠环境工程有限公司,1/20 前黄镇城镇生活、农村生活、农田、养殖面源	64.4	4.4	10.5	0.7
5	锡溧新运河	8	江苏南洋热电有限公司,3/25 前黄镇城镇生活、农村生活、农田、养殖面源	57.4	6.4	14.5	1.2
		14	29/100 前黄镇城镇生活,农村生活、农田、养殖面源	138.5	15.4	34.9	2.9
6	锡溧漕河	13	常州市金裕保温材料厂,1/5 雪堰镇城镇生活、农村生活、农田、养殖面源	118.1	11.6	25.3	1.8
7	武进港	11	常州市巨熊锻压件有限公司,2/5 雪堰镇城镇生活、农村生活、农田、养殖面源	237.2	23.2	50.7	3.6
合计				3 040.5	291.2	742.7	38.6

3.4.3　污染物允许排放量计算

(1) 基于断面达标的污染物允许排放量计算

利用已构建的水环境数学模型计算结果(流量、流速、分流比等),计算满足90%枯水保证率下的污染物允许排放量,其中上边界水质条件为功能区水质目标。

依据污染削减潜力及各区域的调节系数优化现状污染源,得到满足考核断面达标的各概化排口污染物允许排放量,各个排口允许排放量的总和即研究区域的污染物允许排放量。

计算典型区域基于断面达标的允许排放量时,入境边界的设计水质条件是

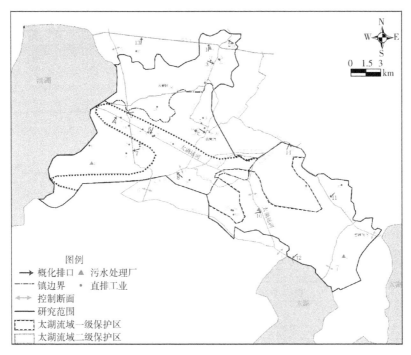

图 3.4-2　太滆运河典型区域概化排污口位置分布

边界水功能区水质,出境(入湖)边界水质条件是基于流域内断面达标的出境水质,如表 3.4-4 所示。武宜运河以Ⅳ类水质入境,又以Ⅳ类水质出境;太滆运河、漕桥河以Ⅲ类水质入境,以Ⅲ类水质出境;武南河、湖塘河以Ⅳ类水入境,以Ⅳ类水质出境;锡溧新运河以Ⅳ类水质入境,出境途径主要两条,其一是通过锡溧漕河(Ⅳ类)出境,其二是通过武进港(Ⅲ类)出境;永安河以Ⅳ类水质入境,礼嘉大河以Ⅲ类水质入境,在流域内汇入太滆运河,通过太滆运河出境(入湖)的水质要求是Ⅲ类。这时出现出入境断面水质目标存在差异的现象。因此,为消除这一差异,应协调上下游关系,明确上下游需承担的污染负荷责任,上游需适当提高水质目标要求,下游应设置过渡带,过渡带不得排污,这部分减少的污染允许排放量由下游承担。太滆运河典型区域进出断面分布情况见图 3.4-3。

　　最终计算得到在 90% 枯水保证率下满足典型区域控制断面水质目标的各概化排口的允许排污量。

　　表 3.4-5 中的计算结果为基于断面达标的各排口允许排放量,但是为协调进出境水质目标差异问题,在保证断面达标的同时,下游应设置过渡带,过渡带内不允许排污,因此应将典型区域过渡带内的环境容量剔除,过渡带位置见图 3.4-4。最终得出典型区域总的允许排放量,见表 3.4-6。

表 3.4-4　研究区域边界水质条件一览表

序号	边界名称	边界水质条件	备注
1	武宜运河	Ⅳ	
2	武南河	Ⅳ	进流边界
3	湖塘河	Ⅳ	
4	永安河	Ⅳ	
5	礼嘉大河	Ⅲ	
6	太滆运河	Ⅲ	
7	锡溧新运河	Ⅲ	进流边界
8	漕桥河	Ⅲ	
9	雅浦港	Ⅲ	
10	武宜运河	Ⅳ	
11	太滆运河	Ⅲ	
12	武进港	Ⅲ	
13	锡溧漕河	Ⅳ	出境(入湖)边界
14	武南河	Ⅳ	
15	雅浦港	Ⅳ	

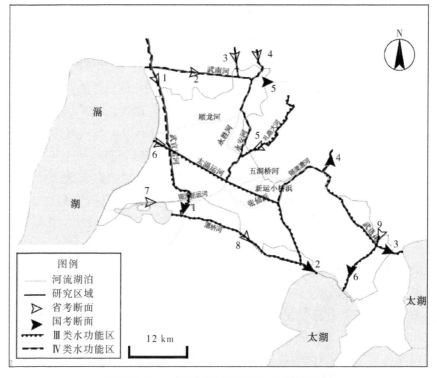

图 3.4-3　太滆运河典型区域进出断面分布

表 3.4-5 概化排口允许排污量计算结果与现状入河量对比表

概化排口编号	现状排污量(t/a)				允许排污量(t/a)				概化排口所在河道
	COD	氨氮	总氮	总磷	COD	氨氮	总氮	总磷	
1	1 342.9	133.3	395.0	13.5	1 102.5	95.7	300.1	10.8	武南河
2	17.0	1.4	2.9	0.2	11.8	0.8	1.7	0.1	永安河
3	230.7	19.4	39.6	2.7	176.6	11.7	25.4	1.8	永安河
4	38.3	4.2	9.7	0.8	27.2	3.3	7.7	0.7	太滆运河
5	201.1	16.6	33.9	2.3	141.3	9.4	20.3	1.4	武宜运河
6	105.1	11.4	25.9	2.2	71.4	8.5	20.3	1.8	太滆运河
7	64.4	4.4	10.5	0.7	45.2	3.2	8.0	0.5	武宜运河
8	57.4	6.4	14.5	1.2	40.8	4.9	11.6	1.0	锡溧新运河
9	127.1	13.7	31.1	2.6	85.0	10.2	24.2	2.1	永安河
10	192.2	15.9	36.9	2.1	149.7	12.3	30.0	1.6	太滆运河
11	237.2	23.2	50.7	3.6	150.7	14.1	36.6	2.7	武进港
12	170.5	14.3	31.8	2.0	127.7	10.6	24.8	1.6	太滆运河
13	118.1	11.6	25.3	1.8	75.4	7.9	18.3	1.3	锡溧漕河
14	138.5	15.4	34.9	2.9	98.6	11.8	28.1	2.5	锡溧新运河
合计	3 040.5	291.3	742.5	38.6	2 303.8	206.0	557.1	29.9	

表 3.4-6 武进典型区域允许排放量汇总表 单位:t/a

	COD	氨氮	总氮	总磷
环境容量(未剔除过渡带容量)	2 303.8	206.0	557.1	29.9
永安河过渡带环境容量	6.85	0.34	1.33	0.08
锡溧新运河过渡带环境容量	189.00	9.45	35.51	1.89
典型区域允许排放量	2 108.0	196.2	520.3	27.9

(2)基于水功能区水质达标的污染物允许排放量计算

典型区域范围内共有 9 个水功能区,根据已建立的水环境数学模型,提供流量、分流比、河流来水浓度等水文水质条件,水功能区 COD、氨氮限排总量采用《省水利厅、省发展和改革委关于水功能区纳污能力和限制排污总量的意见》(苏水资〔2014〕26 号)规定的 2020 年限排总量结果,利用稳态模型计算在 90%水文保证率下的典型区域各水功能区总氮、总磷限排总量及剩余河道限排总量。计算结果见表 3.4-7。

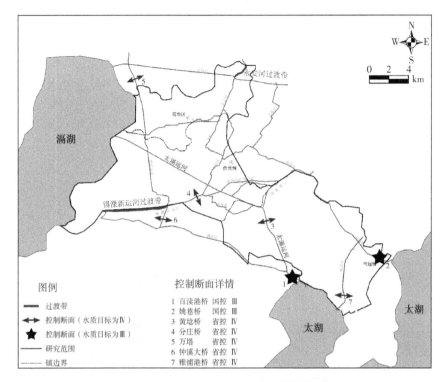

图 3.4-4 武进太滆运河典型区域设置过渡带位置

表 3.4-7 各河道典型区域范围内限排总量结果表

序号	河流名称	水功能区名称	限排总量(t/a)				备注
			COD	氨氮	总氮	总磷	
1	武宜运河	武宜运河武进工业、农业用水区	427	32	74	6.4	
		武宜运河武进过渡区	118	9	21	1.8	
2	武南河	武南河武进工业、农业用水区	335	25	110	5.0	
		永安河以东河段	51	3	17	1.0	非官方划定的水功能区
3	永安河	永安河武进工业、农业用水区	405	30	63	6.1	
4	太滆运河	太滆运河武进过渡区	155	12	26	2.4	
		太滆运河武进工业、农业用水区	565	42	91	8.4	
		太滆运河江苏缓冲区	399	30	65	6.0	

续　表

序号	河流名称	水功能区名称	限排总量(t/a)				备注
			COD	氨氮	总氮	总磷	
5	锡溧漕河	锡溧运河武进工业、农业用水区	496	37	92	7.4	
6	武进港	武进港江苏缓冲区	535	40	96	8.0	
7	锡溧新运河		443	30	72	5.9	非官方划定的水功能区
	限排总量		3 929	290	727	58.0	

（3）典型区域基于控制断面及水功能区水质双达标的污染物允许排放量

根据典型区域基于控制断面及水功能区水质双达标污染物允许排放量计算体系,得到典型区域基于考核断面及水功能区水质"双达标"的污染物允许排放量。两者取小值,确定为太滆运河典型区域污染物允许排放量。

在现状排污量下,百渎港桥等断面不能满足水质目标,污染源主要来自工业直排企业、污水厂排污,养殖业、种植业和农村城镇生活面源排污。因此,可根据污染物削减潜力及各区域调节系数进行削减,减少排进典型区域的污染物量,使得考核断面满足相应水质目标。对工业而言,可通过将产生工业污染的直排企业接管、对污水厂处理的工业污水进行回用等方式达到减少工业对总排污量的贡献,在太滆运河典型区域入河量计算中,城镇生活源、农村生活源也是污染物主要来源,可通过在老城区检修破旧污水管道,在未接管城区铺设污水管网增加城镇生活污水的接管率,减少城镇生活面源的污水排放;在农村,可通过建设集中式/分散式污水处理设施,收集农村生活污水,减少农村生活面源的污水排放。在削减潜力的基础上,综合分析社渎港典型区域的产业布局、土地利用现状和生态敏感区分布以确定不同区域的调节系数,最终以削减潜力及调节系数为主要依据,确定太滆运河典型区域污染物允许排放量及工业污染物允许排放量。计算结果见表3.4-8、表3.4-9。

表 3.4-8　流域基于控制断面及水功能区水质"双达标"的污染物允许排放量计算结果表

单位:t/a

"双达标"的流域内污染物允许排放量				基于"双达标"的削减量			
COD	氨氮	总氮	总磷	COD	氨氮	总氮	总磷
2 108.0	196.2	520.3	27.9	932.5	95.1	222.2	10.7

表 3.4-9　武进太滆运河典型区域工业允许排放量　　　单位:t/a

类型	COD 排放量	氨氮排放量	总氮排放量	总磷排放量
工业现状排放量	375.5	33.6	97.8	3.3
工业允许排放量	260.6	22.4	68.7	2.4
工业削减量	114.9	11.3	29.2	0.9

3.5　宜兴市污染物允许排放量计算

3.5.1　水质目标确定

统计宜兴市主要监测断面 25 个,其中入境断面 9 个,出境(入湖)断面 10 个,中间断面 6 个。断面分布情况及水质目标见图 3.5-1、表 3.5-1。共统计宜兴市水功能区 42 个,河流总长度约 380 km,水质功能区主要水质目标为Ⅲ类,详见表 3.5-2。

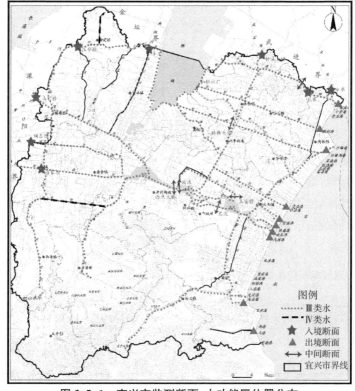

图 3.5-1　宜兴市监测断面、水功能区位置分布

表 3.5-1　宜兴市监测断面信息表

序号	性质	监测站	水质目标	断面类型	所在河流
1	入境断面（9个）	无锡宜兴分水	Ⅲ	省控	太滆运河
2		无锡宜兴裴家	Ⅳ	省控	漕桥河
3		无锡宜兴钟溪大桥	Ⅳ	省控	武宜运河
4		无锡宜兴和桥水厂	Ⅳ	省控	滆湖
5		无锡宜兴丰义桥	Ⅳ	—	孟津河
6		无锡宜兴江步桥	Ⅲ	省控	中干河
7		无锡宜兴山前桥	Ⅲ	省控	北溪河
8		无锡宜兴塘东桥	Ⅲ	省控	邮芳河
9		无锡宜兴潘家坝	Ⅲ	省控	南溪河
10	出境（入湖）断面（10个）	无锡宜兴百渎港	Ⅲ	国控	百渎港
11		无锡宜兴殷村港	Ⅲ	国控	殷村港
12		无锡宜兴沙塘港口	Ⅳ	省控	沙塘港
13		无锡宜兴社渎港	Ⅳ	省控	社渎港
14		无锡宜兴官渎港桥	Ⅳ	省控	官渎港
15		无锡宜兴洪巷桥	Ⅳ	省控	洪巷港
16		无锡宜兴陈东港	Ⅳ	省控	陈东港
17		无锡宜兴大浦港桥	Ⅳ	国控	大浦港
18		无锡宜兴乌溪口	Ⅲ	省控	乌溪港
19		无锡宜兴大港桥	Ⅲ	国控	大港河
20	中间断面（6个）	无锡宜兴西氿大桥	Ⅳ	省控	西氿
21		无锡宜兴东氿	Ⅳ	省控	东氿
22		无锡宜兴静塘大桥	Ⅳ	省控	烧香港
23		无锡宜兴横山水库	Ⅲ	省控	横山水库
24		无锡宜兴团氿	Ⅲ	省控	团氿
25		无锡宜兴漕桥	Ⅲ	省控	漕桥河

表 3.5-2　宜兴市水功能区信息表

序号	水功能区（一级）	水功能区（二级）	河流湖库	起始断面	终止断面	长度（km）	面积（km²）	水质目标
1	漕桥河江苏缓冲区	—	漕桥河	武宜运河	太滆运河	9.2	—	Ⅲ
2	漕桥河宜兴市开发利用区	漕桥河宜兴市渔业、工业用水区	漕桥河	滆湖口	武宜运河（闸口）	8.1	—	Ⅲ
3	武宜运河武进、宜兴开发利用区	武宜运河武进、宜兴过渡区	武宜运河（含南运河）	武宜界	闸口镇	3.5	—	Ⅲ
4	武宜运河宜兴开发利用区	武宜运河宜兴景观娱乐、工业用水区	武宜运河（含南运河）	闸口镇	两汇	20.1	—	Ⅲ
5	殷村港宜兴缓冲区	—	殷村港	武宜运河	太湖	12.2	—	Ⅲ
6	殷村港宜兴开发利用区	殷村港宜兴景观娱乐、渔业用水区	殷村港	滆湖	武宜运河	8.0	—	Ⅲ
7	老烧香河－新渎港宜兴开发利用区	老烧香河－新渎港宜兴景观娱乐、工业用水区	老烧香河－新渎港	滆湖	武宜运河	9.4	—	Ⅲ
8	老烧香港－新渎港宜兴缓冲区	—	老烧香港－新渎港	武宜运河	太湖	18.3	—	Ⅲ
9	湛渎港－社渎港宜兴开发利用区	湛渎港－社渎港宜兴景观、工业用水区	湛渎港－社渎港	滆湖	武宜运河	12.6	—	Ⅲ

续　表

序号	水功能区（一级）	水功能区（二级）	河流湖库	起始断面	终止断面	长度（km）	面积（km²）	水质目标
10	湛渎港—社渎港宜兴缓冲区	—	湛渎港—社渎港	武宜运河	太湖	13.8	—	Ⅲ
11	官渎港宜兴缓冲区		官渎港	横塘河	太湖	4.4	—	Ⅲ
12	宜红河—红塍河宜兴缓冲区	—	宜红河—红塍河	武宜运河	官渎港	12.4	—	Ⅲ
13	横塘河宜兴缓冲区		横塘河	东氿	太湖	16.0	—	Ⅲ
14	大滆运河江苏缓冲区	—	大滆运河	锡溧运河	太湖	8.1	—	Ⅲ
15	洪巷港宜兴缓冲区		洪巷港	东氿	太湖	2.9	—	Ⅲ
16	城东港宜兴缓冲区		城东港	东氿	太湖	2.2	—	Ⅲ
17	大浦港宜兴缓冲区		大浦港	东氿	太湖	2.5	—	Ⅲ
18	宜兴城区六条河宜兴开发利用区	宜兴城区六条河宜兴景观娱乐、工业用水区	宜兴城区六条河	西氿（团氿）	东氿	3.9	—	Ⅲ
19	北干河武进、宜兴开发利用区	北干河武进、宜兴渔业、工业用水区	北干河	武宜界	武宜界	4.6	—	Ⅲ
20	闸上河宜兴开发利用区	闸上河宜兴渔业、工业用水区	闸上河（新丰河）	新桥头	龙嘴上	7.3	—	Ⅳ
21	中干河宜兴开发利用区	中干河宜兴渔业、工业用水区	中干河	溧宜界	宜武界	14.5	—	Ⅲ
22	孟津河宜兴开发利用区	孟津河宜兴工业、农业用水区	孟津河	张河港	北溪河交	14.8	—	Ⅳ

续　表

序号	水功能区（一级）	水功能区（二级）	河流湖库	起始断面	终止断面	长度(km)	面积(km²)	水质目标
23	西溪河宜兴、溧阳开发利用区	西溪河宜兴、溧阳渔业、农业用水区	西溪河	中干河	埝径河口	24.0	—	Ⅲ
24	北溪河宜兴开发利用区	北溪河宜兴渔业、工业用水区	中河—北溪河	溧宜界	西氿	16.3	—	Ⅲ
25	邯芳河宜兴开发利用区	邯芳河宜兴渔业、工业用水区	邯芳河	西溪河	西氿	13.9	—	Ⅲ
26	南溪河宜兴开发利用区	南溪河宜兴景观娱乐、工业用水区	南溪河	溧宜界	西氿	16.0	—	Ⅲ
27	厔溪河宜兴保留区	—	厔溪河	源头	南河（南溪河）	18.8	—	Ⅲ
28	埝径河宜兴开发利用区	埝径河宜兴农业用水区	埝径河	至溪河口	桃花溪河口	11.9	—	Ⅳ
29	桃溪河宜兴开发利用区	桃溪河宜兴工业、农业用水区	桃溪河	西氿	张渚镇	16.1	—	Ⅲ
30	伏西溪河（含分洪河）宜兴开发利用区	伏西溪河（含分洪河）宜兴景观娱乐、工业用水区	伏西溪河—分洪河	东省庄水库	入湖口	21.0	—	Ⅲ
31	乌溪港宜兴缓冲区	—	乌溪港	莲花荡	太湖	2.2	—	Ⅲ
32	蠡河宜兴缓冲区	—	蠡河	东氿	莲花荡	11.8	—	Ⅲ
33	烧香河宜兴缓冲区	—	烧香河	武宜运河	太湖	18.3	—	Ⅲ

续 表

序号	水功能区（一级）	水功能区（二级）	河流湖库	起始断面	终止断面	长度（km）	面积（km²）	水质目标
34	东氿宜兴缓冲区	—	东氿	东氿	东氿	—	4.5	Ⅲ
35	横山水库及其上游水源地保护区	—	横山水库及其上游	源头	横山水库坝址	—	154.8	Ⅱ
36	莲花荡宜兴缓冲区	—	莲花荡	莲花荡	莲花荡	—	2.0	Ⅲ
37	马公荡宜兴开发利用区	马公荡宜兴渔业、农业用水区	马公荡	马公荡	马公荡	—	3.2	Ⅲ
38	西氿宜兴开发利用区	西氿宜兴饮用水源、景观用水区	西氿	西氿	西氿	—	13.9	Ⅲ
39	徐家大塘宜兴开发利用区	徐家大塘宜兴渔业、农业用水区	徐家大塘	闸口镇	闸口镇	—	3.3	Ⅲ
40	—	油车水库饮用水源水区	油车水库及其上游	水库坝址以上水域	伏西溪河	—	37.4	Ⅲ
41	—	龙珠水库饮用水源、景观娱乐用水区	龙珠水库及其上游	水库坝址以上水域	洞沟	—	23.0	Ⅲ
42	滆湖宜兴开发利用区	滆湖宜兴渔业、工业用水区	滆湖	滆湖	滆湖	—	33.5	Ⅲ

3.5.2　概化排口

依据污染物分布及污染源计算结果,根据概化排口原则,在宜兴市共概化排污口 54 个,概化排口位置分布见图 3.5-2,概化排口信息详见表 3.5-3。

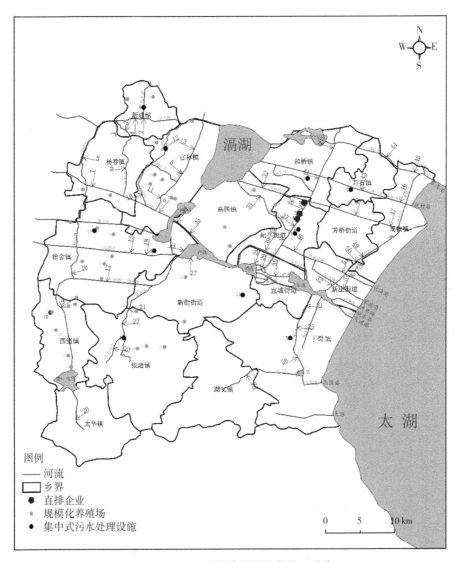

图 3.5-2　宜兴市污染源及概化排口分布

表 3.5-3　宜兴市污染物概化排口信息表

编号	污染物量（t/a）				污染物明细	排水去向
	COD	氨氮	总氮	总磷		
1	204.78	20.06	60.07	5.79	宜兴市建邦环境投资有限责任公司新建污水处理厂，32%新建镇农村生活面源，农田面源，养殖面源，无锡市胜达畜禽养殖有限公司，宜兴市盛涛家庭农场	中干河
2	131.69	18.15	49.35	5.41	宜兴市新建镇洁颖养猪场（普通合伙），宜兴市元鑫生态养殖有限公司，31%新建镇农村生活面源，农田面源，养殖面源	闸上河
3	49.79	6.97	19.04	2.00	12%新建镇农村生活面源，农田面源，养殖面源	新建河
4	101.58	14.18	38.72	4.10	25%新建镇农村生活面源，农田面源，养殖面源，庄小梅肉鸡场	中干河
5	237.23	32.05	81.62	8.19	31%杨巷镇农村生活面源，农田面源，养殖面源	西溪河
6	353.17	47.72	121.51	12.19	46%杨巷镇农村生活面源，农田面源，养殖面源	宝寿河
7	263.61	33.02	75.73	9.12	23%杨巷镇农村生活面源，农田面源，养殖面源，杨巷城镇镇生活面源，无锡市盛农生态园艺有限公司，宜兴市鸿兴猪业有限公司	北溪河
8	229.60	16.69	47.18	2.25	宜兴市建邦环境投资有限责任公司官林污水处理厂，官林镇城镇生活面源，宜兴市官林凌霞污水处理厂	孟津河
9	138.17	19.51	52.57	5.18	19%官林镇农村生活面源，农田面源，养殖面源	北溪河
10	175.83	23.66	62.84	7.08	13%官林镇农村生活面源，农田面源，养殖面源，下富生猪养殖场，宜兴市官林郡种养专业合作社，宜兴官林镇明祥养猪场	西梦河
11	211.20	29.30	78.55	8.14	24%官林镇农村生活面源，农田面源，养殖面源，王学明牲畜养殖厂，杨金才生猪养殖场	孟津河

续 表

编号	污染物物量(t/a)				污染物明细	排水去向
	COD	氨氮	总氮	总磷		
12	273.82	35.48	93.05	11.62	20%官林镇农村生活面源、农田面源、养殖面源、无锡市弘盛畜禽养殖有限公司、宜兴市官林镇古庄畜禽养殖场	西梦河
13	202.64	28.61	77.10	7.59	25%官林镇农村生活面源、农田面源、养殖面源	孟津河
14	26.11	0.52	9.25	0.21	宜兴市建邦环境投资有限责任公司徐舍污水处理厂	西氿
15	703.23	93.82	207.78	20.17	宜兴市东一建材有限公司、45%徐舍镇农村生活面源、农田面源、养殖面源、徐舍镇城镇生活面源、芳庄村生活污水处理设施、宜兴市惠清畜禽养殖专业合作社、宜兴市鹏鑫养殖场、宜兴市万新养殖场	南溪河
16	89.31	13.10	36.35	3.37	11%徐舍镇农村生活面源、农田面源、养殖面源	屋溪河
17	151.51	21.52	59.09	5.99	17%徐舍镇农村生活面源、农田面源、养殖面源、宜兴市军哄生态种养家庭农场	堰泾河
18	328.63	41.00	107.67	15.19	27%徐舍镇农村生活面源、农田面源、养殖面源、宜兴市昌兴生态农业技术发展有限公司、宜兴市永明生态种养专业合作社	南溪河
19	501.03	62.86	183.23	18.28	宜兴市建邦环境投资有限责任公司西渚污水处理厂、宜兴市横山生态放养鸡专业合作社、宜兴市金楼生态养殖专业合作社、宜兴市金山生态农业有限公司、宜兴市西渚镇红达养猪场、宜兴市篑山家庭农场、宜兴市望农牧育专业合作社、西渚镇农村生活面源、农田面源、养殖面源、西渚镇城镇生活面源	屋溪河
20	388.45	53.70	146.96	16.41	太华镇城镇生活面源、大华镇农村生活面源、农田面源、养殖面源、西渚镇城镇生活面源	杨店洞

续　表

编号	污染物量(t/a)				污染物明细	排水去向
	COD	氨氮	总氮	总磷		
21	311.64	40.60	94.49	10.89	宜兴市铜山畜禽有限公司,宜兴市新街兴安养猪场,37%张渚镇镇生活面源,宜兴市张渚镇茶亭余家养殖场,37%张渚镇农村生活面源,农田面源,养殖面源	桃溪河
22	311.39	39.15	90.55	11.70	34%张渚镇农村生活面源,宜兴市张渚镇茶亭余家养殖场,34%张渚镇镇生活面源,农田面源,宜兴市张渚镇凤祥养殖场,宜兴市张渚镇九岭何家养殖场,宜兴市张渚镇顺发养殖场	桃溪河
23	382.38	32.70	115.50	8.33	29%张渚镇农村生活面源,农田面源,养殖面源,29%张渚镇城镇生活面源,宜兴市建邦环境投资有限责任公司张渚污水处理厂	张渚西河
24	326.06	43.83	109.82	11.89	湖父镇城镇生活面源,农村生活面源,农田面源,养殖面源	洑西河
25	1 149.64	140.03	290.53	22.43	宜兴市佳汇建陶有限公司,宜兴市华骐污水处理有限公司,丁蜀镇城镇生活面源,36%丁蜀镇农村生活面源,农田面源,养殖面源,宜兴市排水有限公司	画溪河(宜兴)
26	392.04	52.61	136.76	14.84	64%丁蜀镇农村生活面源,农田面源,养殖面源	画溪河(宜兴)
27	101.85	15.16	42.91	4.01	100%新街街道农村生活面源,农田面源,养殖面源,宜兴市田野农业服务专业合作社	西氿
28	389.54	47.83	68.54	5.72	新街街道城镇生活面源	团氿
29	298.35	36.63	52.49	4.38	26%宜城街道城镇生活面源	团氿
30	839.87	103.12	147.77	12.33	74%宜城街道城镇生活面源	大涧河
31	83.23	11.21	29.39	3.20	100%宜城街道城镇生活面源	画溪河(宜兴)
32	35.10	5.17	14.47	1.23	9%高塍镇养殖面源,9%高塍镇农田面源,农村生活面源,9%高塍镇农村生活面源	烧香港

续 表

编号	污染物量(t/a)				污染物明细	排水去向
	COD	氨氮	总氮	总磷		
33	307.50	36.87	61.13	6.73	宜兴市凯润牧业有限公司、宜兴市排水有限公司、8%高塍镇养殖面源、农村生活面源、100%高塍镇城镇生活面源、农田面源	漕溪港
34	120.98	17.82	49.86	4.24	32%高塍镇养殖面源、32%高塍镇农田面源、农村生活面源	北溪河
35	205.97	29.68	82.47	7.50	51%高塍镇农村生活面源、养殖面源、常州鑫达畜禽养殖有限公司、宜兴市八达养鸡场	北溪河
36	244.71	20.16	45.98	4.03	27%高塍镇农村生活面源、27%高塍镇城镇生活面源、农田面源、养殖面源、江苏多诚纺织品有限公司、宜兴市振兴漂染有限公司、宜兴市五星染料有限公司、江苏驰马拉链科技股份有限公司、10%企业面源	武宜运河
37	1 670.47	39.16	420.23	8.19	欧亚华都(宜兴)水务有限公司、宜兴市城市污水处理厂、20%屺亭街道养殖面源、农田面源、农村生活面源、20%屺亭街道城镇生活面源、10%企业面源	武宜运河
38	52.54	4.87	12.99	0.65	9%屺亭街道养殖面源、农田面源、农村生活面源、9%屺亭街道城镇生活面源、10%企业面源	武宜运河
39	101.52	11.25	24.77	1.46	21%屺亭街道养殖面源、农田面源、农村生活面源、21%屺亭街道城镇生活面源、10%企业面源	芜申运河
40	201.08	14.36	50.45	2.03	24%屺亭街道养殖面源、农田面源、农村生活面源、24%屺亭街道城镇生活面源、60%企业生活面源	社渎港
41	317.65	23.08	69.30	3.07	2%和桥镇农村生活面源、农田面源、养殖面源、和桥镇城镇生活面源、宜兴市建邦环境投资有限责任公司和桥污水处理厂	武宜运河
42	856.40	116.08	307.83	23.44	98%和桥镇农村生活面源、农田面源、养殖面源	武宜运河

续　表

| 编号 | 污染物量(t/a) | | | | 污染物明细 | 排水去向 |
	COD	氨氮	总氮	总磷		
43	201.92	27.80	74.16	6.87	56%万石镇农村生活面源、农田面源、养殖面源、50%万石镇镇生活面源	太滆南运河
44	187.84	23.09	62.90	5.65	宜兴市建邦环境投资有限责任公司南漕污水处理厂、44%万石镇农村生活面源、农田面源、养殖面源、50%万石镇镇生活面源	漕桥河
45	112.04	15.34	37.51	2.10	21%周铁镇农村生活面源、农田面源、养殖面源、21%周铁镇城镇生活面源	漕桥河
46	153.77	21.04	51.37	2.88	29%周铁镇农村生活面源、农田面源、养殖面源、29%周铁镇城镇生活面源	太滆南运河
47	261.47	35.74	86.92	4.86	49%周铁镇农村生活面源、农田面源、养殖面源、50%周铁镇镇生活面源	烧香港
48	36.08	4.74	11.80	0.87	20%芳桥街道养殖面源、农田面源、农村生活面源	烧香港
49	216.30	27.20	49.40	3.25	42%芳桥街道养殖面源、农田面源、100%芳桥街道城镇生活面源	横塘河
50	66.32	8.71	21.69	1.59	37%芳桥街道养殖面源、农田面源、农村生活面源	横塘河
51	13.62	1.94	5.65	0.45	27%新庄街道养殖面源、农田面源、农村生活面源	社渎港
52	239.27	29.70	45.99	2.81	32%新庄街道养殖面源、农田面源、农村生活面源、100%新庄街道城镇生活面源	横塘河
53	3.18	0.45	1.32	0.11	6%新庄街道养殖面源、农田面源、农村生活面源	社渎港
54	17.30	2.47	7.19	0.57	34%新庄街道养殖面源、农田面源、农村生活面源	官渎港
合计	14 970.40	1 691.51	438.79	372.58		

3.5.3 污染物允许排放量计算

（1）基于控制断面达标的污染物允许排放量计算

利用已构建的水环境数学模型,计算满足 90％枯水保证率下的污染物允许排放量,其中上边界水质条件为功能区水质目标。

依据污染削减潜力优化现状污染源,利用试算法得到满足考核断面水质达标的各概化排口污染物允许排放量,各个排口允许排放量的总和即研究区域基于断面达标的污染物允许排放量。详见表 3.5-4。

表 3.5-4　宜兴市允许排污量计算结果与现状入河量对比表

概化排口编号	现状排放量（t/a）			允许排放量（t/a）			削减比例（％）		
	COD	氨氮	总磷	COD	氨氮	总磷	COD	氨氮	总磷
1	204.8	20.1	5.8	203.9	20.0	5.8	0	0	1
2	131.7	18.2	5.4	131.0	18.1	5.4	1	0	1
3	49.8	7.0	2.0	49.8	7.0	2.0	0	0	0
4	101.6	14.2	4.1	101.5	14.2	4.1	0	0	0
5	237.2	32.1	8.2	237.2	32.1	8.2	0	0	0
6	353.2	47.7	12.2	353.2	47.7	12.2	0	0	0
7	263.6	33.0	9.1	246.7	31.2	8.6	6	6	6
8	229.6	16.7	2.2	189.7	11.8	1.7	17	29	26
9	138.2	19.5	5.2	138.2	19.5	4.6	0	0	11
10	175.8	23.7	7.1	172.9	23.4	6.3	2	1	11
11	211.2	29.3	8.1	209.9	29.2	7.2	1	0	11
12	273.8	35.5	11.6	265.9	34.8	10.2	3	2	12
13	202.6	28.6	7.6	202.6	28.6	6.8	0	0	11
14	26.1	0.5	0.2	26.1	0.5	0.2	0	0	0
15	703.2	93.8	20.2	630.1	85.0	18.9	10	9	6
16	89.3	13.1	3.4	89.3	13.1	3.4	0	0	0
17	151.5	21.5	6.0	149.9	21.4	5.9	1	1	2
18	328.6	41.0	15.2	312.2	39.7	14.1	5	3	7
19	501.0	62.9	18.3	493.2	62.0	18.0	2	1	1

概化排口编号	现状排放量（t/a）			允许排放量（t/a）			削减比例（%）		
	COD	氨氮	总磷	COD	氨氮	总磷	COD	氨氮	总磷
20	388.5	53.7	16.4	386.2	53.4	16.4	1	1	0
21	311.6	40.6	10.9	283.9	37.4	10.3	9	8	5
22	311.4	39.1	11.7	281.9	35.9	10.9	9	8	7
23	382.4	32.7	8.3	363.8	30.4	8.1	5	7	3
24	326.1	43.8	11.9	312.6	42.2	11.7	4	4	2
25	1 149.6	140.0	22.4	955.2	115.6	18.9	17	17	16
26	392.0	52.6	14.8	377.5	49.8	13.5	4	5	9
27	101.8	15.2	4.0	100.1	15.0	3.9	2	1	3
28	389.5	47.8	5.7	302.9	37.2	4.4	22	22	22
29	298.3	36.6	4.4	232.0	28.5	3.4	22	22	22
30	839.9	103.1	12.3	653.1	80.2	9.6	22	22	22
31	83.2	11.2	3.2	80.3	10.6	3.1	3	5	5
32	35.1	5.2	1.2	29.5	4.3	1.0	16	17	19
33	307.5	36.9	6.7	188.5	22.3	4.7	39	39	30
34	121.0	17.8	4.2	101.8	14.8	3.4	16	17	19
35	206.0	29.7	7.5	173.3	24.7	6.1	16	17	19
36	244.7	20.2	4.0	95.1	11.2	3.2	61	44	21
37	1 670.5	39.2	8.2	1 748.6	37.0	8.2	−5	6	0
38	52.5	4.9	0.7	22.4	3.0	0.5	57	39	29
39	101.5	11.2	1.5	53.8	7.1	1.0	47	37	31
40	201.1	14.4	2.0	61.7	8.1	1.5	69	44	26
41	317.6	23.1	3.1	249.0	18.0	2.5	22	22	17
42	856.4	116.1	23.4	581.8	87.3	24.7	32	25	−5
43	201.9	27.8	6.9	147.1	20.9	4.6	27	25	34
44	187.8	23.1	5.7	138.1	17.4	3.8	26	25	33
45	112.0	15.3	2.1	89.9	12.3	1.8	20	19	17
46	153.8	21.0	2.9	123.3	16.9	2.4	20	20	17

续　表

概化排口编号	现状排放量（t/a）			允许排放量（t/a）			削减比例（%）		
	COD	氨氮	总磷	COD	氨氮	总磷	COD	氨氮	总磷
47	261.5	35.7	4.9	209.2	28.7	4.1	20	20	17
48	36.1	4.7	0.9	31.9	4.1	0.7	12	13	18
49	216.3	27.2	3.2	143.3	18.0	2.3	34	34	30
50	66.3	8.7	1.6	58.6	7.6	1.3	12	13	18
51	13.6	1.9	0.5	10.9	1.6	0.4	20	20	20
52	239.3	29.7	2.8	134.4	16.8	1.7	44	44	41
53	3.2	0.5	0.1	2.5	0.4	0.1	20	20	20
54	17.3	2.5	0.6	13.8	2.0	0.5	20	20	20
合计	14 970.1	1 691.6	372.6	12 941.3	1 460.0	338.3	14	14	9

（2）基于水功能区达标的污染物允许排放量计算

已建立的水环境数学模型提供水文水质条件,水功能区 COD、氨氮限排总量采用《省水利厅、省发展和改革委关于水功能区纳污能力和限制排污总量的意见》(苏水资〔2014〕26 号)规定的 2020 年限排总量结果,利用零维模型计算在90%水文保证率下的各水功能区总磷限排总量及剩余河道限排总量。计算结果见表 3.5-5。

表 3.5-5　宜兴市水功能区污染物限排量计算结果表　　单位:t/a

河流	功能区名称	污染物限排量		
		COD	氨氮	总磷
漕桥河	漕桥河江苏缓冲区	388	39	8
	漕桥河宜兴市渔业、工业用水区	327	33	7
武宜运河（含南运河）	武宜运河武进、宜兴过渡区	141	14	3
	武宜运河宜兴景观娱乐、工业用水区	842	84	15
殷村港	殷村港宜兴缓冲区	328	33	7
	殷村港宜兴景观娱乐、渔业用水区	229	23	5
老烧香河一新渎港	老烧香河一新渎港宜兴景观娱乐、工业用水区	268	27	6
	老烧香港一新渎港宜兴缓冲区	514	51	12

续　表

河流	功能区名称	污染物限排量		
		COD	氨氮	总磷
湛渎港—社渎港	湛渎港—社渎港宜兴景观、工业用水区	339	34	6
	湛渎港—社渎港宜兴缓冲区	390	39	8
官渎港	官渎港宜兴缓冲区	125	12	3
宜红河—红塍河	宜红河—红塍河宜兴缓冲区	338	34	7
横塘河	横塘河宜兴缓冲区	451	45	9
太滆运河	太滆运河江苏缓冲区	483	48	10
洪巷港	洪巷港宜兴缓冲区	85	8	2
城东港	城东港宜兴缓冲区	62	6	1
大浦港	大浦港宜兴缓冲区	67	6	2
宜兴六条河	宜兴城区六条河宜兴景观娱乐、工业用水区	99	10	3
北干河	北干河武进、宜兴渔业、工业用水区	200	20	4
闸上河（新丰河）	闸上河宜兴农业用水区	293	29	6
中干河	中干河宜兴渔业、工业用水区	609	61	13
孟津河	孟津河宜兴工业、农业用水区	928	92	16
西溪河	西溪河宜兴、溧阳渔业、农业用水区	654	65	13
中河—北溪河	北溪河宜兴渔业、工业用水区	441	44	17
邮芳河	邮芳河宜兴渔业、工业用水区	393	39	8
南溪河	南溪河宜兴景观娱乐、工业用水区	434	43	18
屋溪河	闸上河宜兴农业用水区	462	49	9
埝径河	中干河宜兴渔业、工业用水区	501	50	12
桃溪河	孟津河宜兴工业、农业用水区	436	43	10
伏西溪河—分洪河	西溪河宜兴、溧阳渔业、农业用水区	571	57	19
乌溪港	乌溪港宜兴缓冲区	52	5	1
蠡河	蠡河宜兴缓冲区	335	33	10
烧香河	烧香河宜兴缓冲区	1 120	111	30
东氿	东氿宜兴缓冲区	678	67	15
横山水库及其上游	横山水库及其上游水源地保护区	273	27	6
莲花荡	莲花荡宜兴缓冲区	26	3	1

河流	功能区名称	污染物限排量		
		COD	氨氮	总磷
马公荡	马公荡宜兴渔业、农业用水区	129	13	4
西氿	西氿宜兴饮用水源、景观用水区	394	61	9
徐家大塘	徐家大塘宜兴渔业、农业用水区	640	64	14
合计		15 045	1 522	349

（3）基于控制断面及水功能区水质"双达标"的污染物允许排放量计算

据控制断面及水功能区水质"双达标"污染物允许排放量计算体系,综合现状污染源计算成果,取计算结果较小值为宜兴市污染物允许排放量。

在现状排污量和不利水文条件下,主要超标断面为殷村港桥、社渎港、官渎港桥,主要对社渎港典型区域范围及殷村港汇水范围进行污染物削减。综合分析宜兴市削减潜力,宜兴市污染物主要来自城镇生活、农田、畜禽养殖面源。宜兴市接管率为64.1%,可提高宜兴市污水收集处理率,减少城镇生活面源的排放。可通过建立生态沟渠、使用有机肥等方法,减少农田面源污染物量。可通过推广规模化养殖,减少散养家禽牲畜数量来降低宜兴市畜禽养殖业污染物量。在削减潜力的基础上,综合分析社渎港典型区域的产业布局、土地利用现状、生态敏感区分布确定不同区域的调节系数,最终以削减潜力及调节系数为主要依据,确定宜兴市污染物允许排放量及工业污染物允许排放量。详见表 3.5-6、表 3.5-7。

表 3.5-6　基于控制断面及水功能区水质"双达标"的污染物

允许排放量计算结果表　　　　　　　　单位:t/a

"双达标"的流域内污染物允许排放量				基于"双达标"的削减量			
COD	氨氮	总氮	总磷	COD	氨氮	总氮	总磷
12 941.5	1 459.8	3 941.6	337.9	2 028.9	231.8	440.2	34.7

表 3.5-7　宜兴市工业允许排放量计算结果表　　　　单位:t/a

类型	COD 排放量	氨氮排放量	总氮排放量	总磷排放量
工业现状排放量	1 027.4	27.9	241.0	4.8
工业允许排放量	927.6	24.1	230.1	4.4
工业削减量	99.8	3.8	10.9	0.4

3.6 武进区污染物允许排放量计算

3.6.1 水质目标确定

研究范围内有 11 个考核断面,包括 3 个国考、8 个省考。位置分布及明细见图 3.6-1、表 3.6-1。

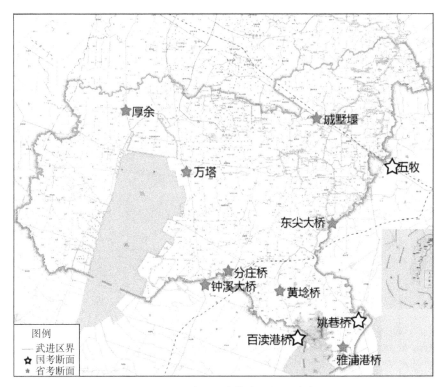

图 3.6-1 武进区考核断面位置分布

表 3.6-1 武进区考核断面明细表

类型	名称	水质标准
国考断面	五牧	V类
	姚巷桥	III类
	百渎港桥	III类

续　表

类型	名称	水质标准
省考断面	厚余	Ⅳ类
	雅浦港桥	Ⅳ类
	万塔	Ⅳ类
	分庄桥	Ⅳ类
	钟溪大桥	Ⅳ类
	黄埝桥	Ⅳ类
	戚墅堰	Ⅳ类
	东尖大桥	Ⅳ类

　　统计得到武进区共有水功能区 33 个,其中Ⅲ类水功能区 15 个,主要集中在武进下游水系,Ⅳ类水功能区 18 个,主要集中在武进上游水系。武进区水功能区分布图见图 3.6-2。

图 3.6-2　武进区水功能区位置分布

3.6.2 概化排口

计算得到武进区 COD 入河总量为 14 431 t/a,氨氮为 1 425 t/a,总氮为 2 832 t/a,总磷为 201 t/a。依据分布及污染源计算结果,根据概化排口原则,本次计算共有概化排污口 51 个,概化排口位置分布见图 3.6-3,概化排口信息详见表 3.6-2。

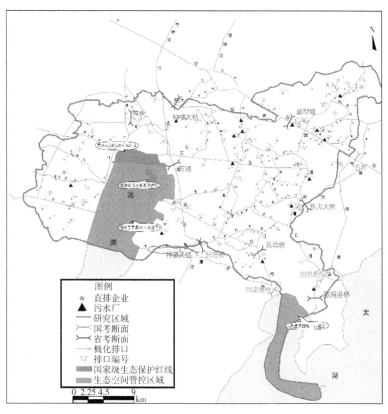

图 3.6-3 武进区概化排口位置分布

表 3.6-2 概化排口信息表 单位:t/a

编号	COD	氨氮	总氮	总磷	明细
1	777.0	75.3	98.0	8.2	1/4 湖塘面源,污 4
2	1 712.7	82.6	267.0	11.5	1/4 湖塘面源,污 6、污 12,工 8、工 157、工 158、工 10
3	102.9	11.5	18.2	1.3	1/6 遥观面源,工 1、工 2、工 3、工 4、工 5、工 7、工 6、工 52

编号	COD	氨氮	总氮	总磷	明细
4	131.6	15.5	21.7	1.4	1/6 遥观面源,工 9
5	214.6	26.3	48.5	4.4	1/3 礼嘉面源,工 17、工 18
6	328.0	38.5	69.6	6.2	1/3 礼嘉面源+1/6 洛阳面源,工 13、工 14、工 15、工 21、工 16、工 19、工 20
7	215.7	26.3	48.7	4.4	1/3 礼嘉面源,工 11、工 12
8	185.4	22.9	44.7	4.5	5/24 前黄面源,工 28、工 30
9	190.0	23.2	45.3	4.5	5/24 前黄面源,工 25、工 26、工 27、工 31、工 162、工 163
10	236.2	23.7	47.2	2.9	1/5 雪堰面源,工 29、工 23、工 24、工 22,污 5
11	214.1	22.0	41.8	2.9	1/5 雪堰面源,污 8、工 167、工 168
12	195.1	22.3	35.6	2.6	1/3 遥观面源,工 37、工 38、工 42、工 36
13	95.7	11.2	18.9	1.6	1/6 洛阳面源,工 40、工 41
14	123.1	12.6	22.8	1.7	1/6 洛阳面源,污 2、工 46、工 43、工 39、工 45、工 161
15	314.6	37.8	68.9	5.2	2/5 雪堰面源,工 41、工 164、工 165、工 166
16	104.4	12.8	20.8	1.6	1/8 南夏墅面源,工 49、工 110
17	810.9	41.2	201.3	7.3	1/8 南夏墅面源,工 47、工 48,污 1
18	94.1	11.1	18.7	1.6	1/6 洛阳面源,工 51
19	367.0	44.2	68.6	5.5	2/3 牛塘面源,工 59、工 60、工 61、工 62、工 65、工 64、工 63、工 69
20	225.3	26.5	43.7	3.4	1/4 南夏墅面源,工 58、工 66
21	267.0	31.6	58.7	5.8	1/4 前黄面源,工 55、工 56、工 57、工 68、工 67,污 9
22	190.7	22.2	37.4	3.3	1/3 洛阳面源,工 70、工 71、工 72
23	14.1	1.1	2.5	0.1	工 32、工 33、工 34、工 35、工 50,污 3
24	153.9	18.9	34.4	2.6	1/5 雪堰面源,工 73
25	135.3	16.5	23.8	2.0	1/4 湖塘面源,工 75
26	418.5	51.1	83.3	6.5	1/2 南夏墅面源,工 77、工 109
27	118.8	14.2	27.8	2.7	1/8 前黄面源,工 74、工 54、工 53、工 76、工 78、工 79、工 80

续 表

编号	COD	氨氮	总氮	总磷	明细
28	185.3	22.9	44.7	4.5	5/24 前黄面源,工 81
29	267.3	32.8	47.2	4.0	1/4 湖塘面源,工 155、工 156
30	506.0	61.1	107.6	9.4	1/2(丁堰、潞城、戚墅堰)面源,工 86、工 105、工 108
31	779.7	81.8	256.1	9.4	1/2(丁堰、潞城、戚墅堰)面源,工 82、工 84、工 85、工 83、工 87、工 88、工 106、工 112、工 115、工 116、工 113、工 114,污 10
32	941.5	88.2	120.0	12.4	2/3 横山桥面源,工 103、工 89、工 96、工 100、工 101、工 102、工 97、工 104、工 107、工 169、工 170
33	564.3	50.7	93.9	6.0	3/4 横林面源,工 94、工 90、工 91、工 92、工 93、工 95、工 98、工 99、工 159,污 12
34	59.9	6.5	10.6	0.9	1/12 横山桥面源,工 143、工 145、工 146、工 147、工 149、工 138、工 111、工 144
35	68.5	7.1	11.8	0.9	1/12 横山桥面源,工 135、工 133、工 128、工 152、工 134、工 136、工 141、工 142、工 129、工 148、工 151
36	282.3	21.0	40.5	1.7	1/12 横山桥面源,工 126、工 130、工 127、工 139、工 140、工 124、工 150,污 14
37	53.1	6.1	10.0	0.9	1/12 横山桥面源,工 122、工 132、工 137、工 117、工 125、工 153
38	254.4	28.4	43.6	3.2	1/3 遥观面源,工 118、工 119、工 120、工 121、工 123、工 131,污 11
39	1.0	0.1	0.1	0.0	工 154
40	401.8	31.0	68.0	3.5	1/3 牛塘面源,污 13
41	66.8	8.2	11.8	1.0	3/16 湖塘面源
42	66.8	8.2	11.8	1.0	1/16 湖塘面源
43	119.0	14.2	23.7	1.8	1/4 横林面源
44	38.2	4.7	9.2	0.7	1/2 西湖街道,工 160、工 171、工 172、工 176
45	34.6	4.5	8.7	0.7	1/2 西湖街道,工 173、工 174、工 175
46	408.8	50.7	99.2	7.8	1/2 嘉泽面源,工 177、工 179、工 180、工 181、工 183、工 185、工 186

编号	COD	氨氮	总氮	总磷	明细
47	411.9	50.9	99.6	7.8	1/2 嘉泽面源,工 178、工 182、工 184
48	263.0	29.1	57.9	4.2	1/4 湟里面源,工 187、工 188、工 189、工 190、工 191
49	337.3	27.1	48.5	5.1	1/4 湟里面源,工 192、工 193、工 194、工 195、工 196
50	193.9	23.1	44.8	4.0	1/4 湟里面源,工 197、工 198、工 199、工 200、工 201、工 202
51	189.0	23.1	44.7	3.9	1/4 湟里面源,工 203、工 204、工 205、工 206
合计	14 431.1	1 424.6	2 831.9	200.5	

3.6.3　污染物允许排放量计算

（1）基于断面达标的污染物允许排放量计算

利用已构建的水环境数学模型,计算满足 90% 枯水保证率下的污染物允许排放量,其中上边界水质条件为功能区水质目标。

依据污染削减潜力优化现状污染源,利用试算法得到满足考核断面水质达标的各概化排口污染物允许排放量,各个排口允许排放量的总和即研究区域基于断面达标的污染物允许排放量。计算结果见表 3.6-3。

表 3.6-3　武进区允许排污量与现状入河量对比表

概化排口编号	现状排放量(t/a)			允许排放量(t/a)			削减比例(%)		
	COD	氨氮	总磷	COD	氨氮	总磷	COD	氨氮	总磷
1	777.0	75.3	8.2	704.8	68.4	7.5	9	9	9
2	1 712.7	82.6	11.5	1 689.4	79.9	11.2	1	3	3
3	102.9	11.5	1.3	81.8	9.3	1.1	21	19	16
4	131.6	15.5	1.4	101.9	13.6	1.1	23	13	17
5	214.6	26.3	4.4	151.3	18.6	3.4	29	29	23
6	328.0	38.5	6.2	238.2	27.7	4.8	27	28	22
7	215.7	26.3	4.4	152.4	18.6	3.4	29	29	23
8	185.4	22.9	4.5	141.4	17.3	3.7	24	25	19

续　表

概化排口编号	现状排放量(t/a)			允许排放量(t/a)			削减比例(%)		
	COD	氨氮	总磷	COD	氨氮	总磷	COD	氨氮	总磷
9	190.0	23.2	4.5	141.4	17.3	3.7	26	25	19
10	236.2	23.7	2.9	197.8	18.8	2.3	16	21	22
11	214.1	22.0	2.9	168.6	16.7	2.2	21	24	23
12	195.1	22.3	2.6	156.1	18.1	2.2	20	19	17
13	95.7	11.2	1.6	68.4	8.0	1.3	29	28	23
14	123.1	12.6	1.7	90.1	9.1	1.3	27	28	24
15	314.6	37.8	5.2	220.9	27.4	3.9	30	28	25
16	104.4	12.8	1.6	77.5	9.6	1.3	26	25	23
17	810.9	41.2	7.3	648.4	32.6	5.9	20	21	20
18	94.1	11.1	1.6	68.4	8.0	1.3	27	27	23
19	367.0	44.2	5.5	235.9	27.9	3.8	36	37	31
20	225.3	26.5	3.4	155.0	19.1	2.5	31	28	25
21	267.0	31.6	5.8	211.6	24.7	4.8	21	22	18
22	190.7	22.2	3.3	136.8	16.0	2.5	28	28	23
23	14.1	1.1	0.1	9.2	0.9	0.1	35	14	20
24	153.9	18.9	2.6	110.4	13.7	1.9	28	27	25
25	135.3	16.5	2.0	123.0	15.1	1.8	9	9	8
26	418.5	51.1	6.5	310.0	38.2	5.0	26	25	23
27	118.8	14.2	2.7	84.8	10.4	2.2	29	27	20
28	185.3	22.9	4.5	141.4	17.3	3.7	24	25	19
29	267.3	32.8	4.0	246.1	30.2	3.6	8	8	8
30	506.0	61.1	9.4	443.7	53.5	8.3	12	13	11
31	779.7	81.8	9.4	716.6	74.1	8.4	8	9	11
32	941.5	88.2	12.4	702.1	62.4	9.7	25	29	22
33	564.3	50.7	6.0	493.8	42.6	5.1	12	16	14

续　表

概化排口编号	现状排放量(t/a)			允许排放量(t/a)			削减比例(%)		
	COD	氨氮	总磷	COD	氨氮	总磷	COD	氨氮	总磷
34	59.9	6.5	0.9	48.8	5.3	0.8	19	19	15
35	68.5	7.1	0.9	57.5	5.8	0.8	16	17	15
36	282.3	21.0	1.7	262.4	17.4	1.5	7	17	11
37	53.1	6.1	0.9	42.6	4.9	0.8	20	19	15
38	254.4	28.4	3.2	220.1	24.5	2.8	13	14	13
39	1.0	0.1	0.0	1.0	0.1	0.0	0	0	0
40	401.8	31.0	3.5	290.5	21.2	2.5	28	32	30
41	66.8	8.2	1.0	61.5	7.6	0.9	8	8	8
42	66.8	8.2	1.0	61.5	7.6	0.9	8	8	8
43	119.0	14.2	1.8	96.0	11.6	1.5	19	19	16
44	38.2	4.7	0.7	33.1	4.1	0.6	13	13	12
45	34.6	4.5	0.7	29.6	3.9	0.6	15	14	12
46	408.8	50.7	7.8	312.2	39.4	6.5	24	22	17
47	411.9	50.9	7.8	315.3	39.6	6.5	23	22	17
48	263.0	29.1	4.2	222.3	24.3	3.6	15	17	14
49	337.3	27.1	5.1	238.9	20.6	4.2	29	24	18
50	193.9	23.1	4.0	153.2	18.3	3.4	21	21	15
51	189.0	23.1	3.9	148.4	18.2	3.3	22	21	16
合计	14 431.1	1 424.6	200.5	11 814.1	1 139.5	166.2	18	20	17

（2）基于水功能区水质达标的污染物允许排放量计算

已建立的水环境数学模型提供流量水质条件，水功能区 COD、氨氮限排总量采用《省水利厅、省发展和改革委关于水功能区纳污能力和限制排污总量的意见》（苏水资〔2014〕26 号）规定的 2020 年限排总量结果，利用零维模型计算在 90% 水文保证率下的各水功能区总磷限排总量及剩余河道限排总量。计算结果见表 3.6-4。

表 3.6-4　武进区水功能区水质达标污染物允许排放量计算结果表

单位:t/a

河流	水功能区名称	COD	氨氮	总磷
北干河	北干河常州、无锡渔业、工业用水区	556	42	5
扁担河	扁担河武进过渡区	570	43	6
采菱港	采菱港常州工业、农业用水区	517	38	8
成章河	成章河武进农业、工业用水区	256	19	4
大通河	大通河武进工业、景观娱乐用水区	302	22	5
丁塘港	丁塘港常州工业、农业用水区	144	11	2
横港-四平河	横港—四平河武进工业、农业用水区	261	19	3
湖塘河	湖塘河武进景观娱乐用水区	244	18	4
湟里河	湟里河武进工业、农业用水区	389	29	5
江南运河	江南运河常州景观娱乐、工业用水区	2 156	160	28
礼河	礼河武进农业、渔业用水区	179	13	3
礼嘉大河	礼嘉大河武进工业、农业用水区	244	18	2
潞横河	潞横河常州武进工业、农业用水区	295	22	4
孟津河	孟津河武进工业、农业用水区	824	61	11
南运河	武宜运河(南运河)常武景观娱乐、工业用水区	184	14	3
三山港	三山港武进工业、农业用水区	646	48	12
太滆运河	太滆运河江苏缓冲区	399	30	6
	太滆运河武进过渡区	155	12	2
	太滆运河武进工业、农业用水区	565	42	8
武进港	武进港江苏缓冲区	535	40	6
	武进港武进工业、农业用水区	1 352	100	18
武南河	武南河武进工业、农业用水区	51	3	1
	非官方划定	335	25	5
武宜运河	武宜运河武进工业、农业用水区	427	32	6
	武宜运河武进过渡区	118	9	2
西平河	西平河武进工业、农业用水区	261	19	1

河流	水功能区名称	COD	氨氮	总磷
锡溧运河	锡溧运河武进工业、农业用水区	494	37	7
夏溪河（含尧塘河）	夏溪河（含尧塘河）金坛、武进工业、农业用水区	421	32	6
雅浦港	雅浦港武进工业、农业用水区	109	8	1
	雅浦港武进过渡区	59	4	1
永安河	永安河武进工业、农业用水区	405	30	6
中干河	中干河武进渔业、农业用水区	169	13	3
周桥港	周桥港武进工业、农业用水区	285	21	4
湖塘河	非官方划定	414	21	4
顺龙河	非官方划定	14	1	0
永胜河	非官方划定	89	4	1
长沟河	非官方划定	265	13	3
锡溧新运河	非官方划定	443	30	6
合计		15 132	1 103	202

（3）基于控制断面及水功能区水质"双达标"的污染物允许排放量计算

根据控制断面及水功能区水质"双达标"污染物允许排放量计算体系，综合现状污染源计算成果，取计算结果较小值为武进区污染物允许排放量。

在现状排污量下，百渎港桥断面及姚巷桥断面不能满足水质目标，污染源主要来自工业、城镇生活、农村生活、农田面源排污，可根据污染物削减潜力及各区域调节系数进行削减，减少排进武进区的污染物量，使得考核断面满足相应水质目标。对工业而言，采用将产生工业污染的直排企业接管、对污水厂处理的工业污水进行回用等方式达到减少工业对总排污量的贡献。可通过在老城区检修破旧污水管道，在未接管城区铺设污水管网增加城镇生活污水的接管率，减少城镇生活面源的排放。在农村，可通过建设集中式/分散式污水处理设施，收集农村生活污水，减少农村生活面源的排放。在种植区设置生态沟渠，减少农田面源的排放。在削减潜力的基础上，综合分析武进区的产业布局、土地利用现状、生态敏感区分布确定不同区域的调节系数，最终以削减潜力及调节系数为主要依据，确定武进区污染物允许排放量及工业污染物允许排放量。计算结果见表 3.6-5、表 3.6-6。

表 3.6-5　基于控制断面及水功能区水质"双达标"的污染物

允许排放量计算结果表　　　　　单位:t/a

"双达标"的流域内污染物允许排放量				基于"双达标"的削减量			
COD	氨氮	总氮	总磷	COD	氨氮	总氮	总磷
11 814.3	1 103.0	2 354.9	165.8	2 616.7	285.2	476.9	34.8

表 3.6-6　武进区工业污染物允许排放量计算结果表　　　单位:t/a

类型	COD 排放量	氨氮排放量	总氮排放量	总磷排放量
工业现状排放量	2 207.6	160.6	258.3	17.5
工业允许排放量	1 800.2	129.2	214.8	14.4
工业削减量	407.3	31.3	43.5	3.0

3.7　本章小结

（1）太湖流域及典型区域精细化模型构建:经模型率定验证,得到宜兴市、武进区各率定断面水质相对误差均在 30% 以内,可用于污染物允许排放量计算。COD 降解系数为 $0.08 \sim 0.15$ d^{-1},氨氮降解系数为 $0.05 \sim 0.10$ d^{-1},总磷降解系数为 $0.05 \sim 0.10$ d^{-1};武进区河道糙率为 $0.018 \sim 0.02$,COD 降解系数为 $0.08 \sim 0.13$ d^{-1},氨氮降解系数为 $0.08 \sim 0.13$ d^{-1},总磷降解系数为 $0.07 \sim 0.13$ d^{-1}。

（2）宜兴市、武进区及典型区域污染物允许排放量计算:应用断面达标法计算控制断面达标时污染物允许排放量,应用总体达标法计算基于水功能区水质达标时污染物允许排放量,两者取小值,确定基于"双达标"的区域污染物允许排放量。最终确定,社渎港典型区域污染物允许排放量为 COD 2 820.4 t/a、氨氮 200.9 t/a、总氮 751.4 t/a、总磷 36.9 t/a;太滆运河典型区域污染物允许排放量为 COD 2 108.0 t/a、氨氮 196.2 t/a、总氮 520.3 t/a、总磷 27.9 t/a;宜兴市污染物允许排放量为 COD 12 941.5 t/a、氨氮 1 459.8 t/a、总氮 3 941.6 t/a、总磷 337.9 t/a;武进区污染物允许排放量为 COD 11 814.3 t/a、氨氮 1 103.0 t/a、总氮 2 354.9 t/a、总磷 165.8 t/a。

| 第四章 |

基于水环境质量目标要求的太湖流域
重点行业允许排放量分配研究

4.1 基于行业公平的典型区域重点行业允许排放量分配方法概述

对多行业多排放因子的分析与分配研究属系统评价技术中多目标决策的范畴。一般多目标决策中遇到的主要困难是在多个不可公度的或是矛盾的目标条件下比较方案的优劣。为解决这一问题,系统评价领域常应用线性加权法、功效系数法、层次分析方法、主成分分析方法、数据包络分析法等方法确定多因素的权重。其中,数据包络分析法凭借其极强的客观性、突出的决策指导作用等特点,在处理此类多输入多输出的客观系统评价中具有绝对的应用优势。

4.1.1 数据包络分析法

4.1.1.1 概述

数据包络分析法(Data Envelopment Analysis,DEA)最早由运筹学家 A. Charnes 于 1978 年提出,是目前评价多目标相对效率时最常用方法之一,其原型可追溯至 1957 年 Farrell 在对英国农业生产力进行分析时提出的包络思想。[30] 在后续的几十年中,以 R. D. Banker、胡汉辉、魏权龄、黄志明等为代表的经济学、运筹学领域学者对 DEA 理论不断加以深化和推广,使该理论逐渐成为非参数方法的一大研究热点。

DEA 方法以单输入单输出的相对效率概念为基础,将评价对象加以扩展,最终形成用于评价一组相同类型的多个投入、产出的决策单元的相对有效的理论体系。投入是指决策单元在某种活动中需要消耗的某些量,产出是决策单元经过一定输入后,产生的表明该活动成效的某些信息量,由所有技术上可行的投入和产出模式构成的集合即为生产可能集。决策单元(Decision Making Unit, DMU)是指将投入转化为产出的某一过程或经济系统,是 DEA 方法效率评价的对象与基本单位,多个 DMU 共同构成被评价群体,DMU 的 DEA 有效即为该单元在评价群体中具有最高的投入产出转化效率,最优化的投入产出为 DEA 的生产前沿。

　　DEA 方法利用评价群体现有样本数据,采用数学规划模型对不同 DMU 的相对效率进行比较,对 DMU 做出有效性评价。每个 DMU 都可以被看作相同的实体,各 DMU 具有相同的投入与产出类别,DEA 法针对具体投入和产出数据进行综合分析,计算得出每个 DMU 将投入转化为产出的相对效率,使各 DMU 之间的定级排序有所依据。同时,DEA 方法可以对有效的(相对效率较高的)和非有效的(相对效率较低的)DMU 进行判断,指出各自有效或非有效的原因和程度,为调整各 DMU 的投入情况提供技术指导。

4.1.1.2　研究与应用

　　近年来,对 DEA 方法的相关研究逐步深入,研究者们基于实际条件对传统 CCR 模型与 BCC 模型加以完善,形成的各类 DEA 模型不仅补齐了原有模型的不足,还在有效性、随机性、灵敏度等方面进行提升:交叉效率 DEA 模型在 DMU 自评的基础上加入 DMU 间他评体系,以自评和他评的均值作为该 DMU 的最终交叉效率值,使各个评价单元的评价结果具有可比性[31];SBM 模型综合传统投入导向和产出导向模型,同时考虑所有投入与产出变量可能存在的改进空间,故也称为基于松弛变量的 DEA 模型[32];整数 DEA 模型通过构建一个混合整数线性规划来保证 DMU 效率改进目标值的整数性质[33];超效率 DEA 模型引入更多考虑条件,对有效 DMU 进行剔除排序,无效 DMU 结果不变,从而在出现多个 DMU 均为 1 的情况下进行二次评价[34,35];加性多阶段 DEA 模型不仅考虑整体生产系统的初始输入和最终输出,还考虑生产内部过程中的中间变量,考虑 DMU 中各阶段效率值[36];网络 DEA 模型以具有网络结构的 DMU 作为研究对象,对 DMU 内部结构进行剖析,适用于多个子系统且动态变化的复杂系统的效率分析[37];模糊 DEA 模型采用模糊数的柔性数据结构来表示不确定信息,对准确的、模糊的、混合的数据均可进行处理[38];此外,研究者们还通过方法耦合的方式改进传统 DEA 方法的缺点,开发出 AHP-DEA 模型、Super-EBM-DEA 模型、Malmquist-DEA 模型、DEA-Tobit 模型、Bootstrap-DEA 模型等复合模型[39-43]。各类模型极大地拓展了 DEA 方法的应用范围,选用 DEA 处理实际问题的应用研究也随之逐年增加。随着逐步深入的研究与实践,DEA 方法在企业规划、医院运行模式、商业发展、纺织业、工业、农业、航空航天、奥运会运营等众多领域的效率评价中展现出其巨大的应用优势[44-61]。杨威等[57]综述了85篇应用数据包络分析中国医院效率的相关文献,对医院、医疗的DEA相关研究做出总结与评述。魏权龄等[58]应用DEA方法对中国纺织工业部系统内的177个大中型棉纺织企业的经济效益进行了评价。王海燕等[59]利用DEA方法得到更为客观的城市公共交通系统绩效评价结果,为城市公共交通的发展过程提出建议。郭存芝等[60]通过建立相应的评价指标体系,为DEA方法在可持续发展综合评价中的应用提供思路。王欢[61]基于DEA相关理论,构建符合蔬菜特征的效率评价框架并对效率的时空发展特点、影响因素以及其经济效应进行了分析,为提高我国蔬菜产业的效率提供指导。

自21世纪起,一些复杂的新兴技术领域也开始选用DEA方法指导自身发展,如区域经济预警、能源利用、生态环境、创新产业发展、科研绩效评价等方向[62-71]。曹敏杰[68]用DEA方法的C^2R模型和投入产出指标体系,对输入输出数据进行综合分析,研究了中国中小保险企业核心竞争力的评价体系。刘凤朝等[69]应用DEA模型评价技术制造产业创新效率,对东北三省的创新产业发展调整提出建议。李霞[70]运用DEA模型测算我国各省区,以及东、中、西和东北地区的全要素能源效率。刘野[71]根据以往高校科研评价方法的局限性构建了综合DEA评价模型,对我国"985"高校科研投入产出效率进行评价。

对于传统数理统计方法而言,DEA对各因素的处理不依据决策者的主观倾向,而是假定每个输入都关联到一个或者多个输出,以DMU输入输出的实际数据求得最优权重,具有极强的客观性;同时,DEA所需求的最低数据样本较小、对标准值并无量纲选取的要求,无须进行参数或函数假设。因此,DEA方法在诸多实际应用中均体现出较大优势。

4.1.1.3 在环境效率计算中的应用

在本研究中,环境效率是在衡量各行业的污染物排放量分配时尤为重要的参考因素之一。目前,在我国各地区陆续开展的环境效率相关评价工作中,数据包络分析法已然成为首选的分析方法之一。宋雅晴[72]基于DEA方法建立了SBM模型(松弛变量的DEA模型),选用安徽省16个地市2000—2014年的投入和产出数据,测算了安徽省各地市的环境效率,综合评价了安徽各地市间环境效率差异、产业结构、外资依存度和政府规制力与环境效率的关系。胡环[73]建立了基于DEA方法的SBM模型,将非期望产出扩充入模型中,对皖江城市带城市环境效率进行测度与评价,构建了皖江城市带环境效率评价指标。戴攀等[74]在DEA评价模型的基础上,引入投入、期望产出和非期望产出的松弛变量,对我国 30 个省份电力行业的环境效率进行评价。王连芬等[75]以完全二氧化硫排放量代替传统利用直接排放量的方式来作为非期望产出指标,利用 DEA-SBM 模型测算完全环境效率,相较于原有环境效率计算方法评价更为准确。徐伍凤[76]基于 AQI 指数对湖南省进行城市群区域划分,并利用 DEA 方法分别对湖南省 4 个城市群 2009—2014 年的环境效率进行评价,提出针对减少湖南地区污染排放、提高湖南省环境效率的指导意见。王唯薇等[77]基于 DEA 模型提出了单要素效率和要素联合使用效率的定义,应用 2003—2007 年的省级数据测算了我国 30 个省市的环境效率、能源效率和经济社会发展的协调度。宋马林[78]在生产效率的公理化理论的基础上,为环境效率评价系统提出更稳健、精确的 DEA 方法,并成功判断 1992 年到 2009 年我国先进科学技术在全国范围内的传播转移情况。胡妍等[79]基于 DEA 和 Malmquist 指数模型,提出与环境效率相似的区域用水环境经济综合效率(WEEE)概念及其评价方法,分析了 2001—2012 年河南省主要地市的 WEEE 及其影响因素。孙平平[80]运用 DEA-SBM 模型,对工业 36 个行业的环境效率进行测算与评价分析,对不同工业行业的环境效率发展水平进行探讨。徐向浩、韩致远、刘颖斐、徐晔、卜庆才、范玉仙、殷子涵、姜静、董莉等人[81-89]分别使用以 DEA 方法为基础的模型,在电力、钢铁、纺织、炼油、养殖、农业、制药等众多行业开展了环境效率评价工作,均取得了较为准确的计算结果,DEA 方法在各行业均有较好的适应性。由此可见,数据包络分析法在多个领域多个行业的环境效率计算中已有大量应用,且均获得较为准确的分析评价结果。DEA 方法在环境效率计算领域中的应用充分且完善,能够很好地适用于各个情况下的环境效率计算研究,故本技术方法选择 DEA 方法作为环境效率计算过程的理论依据。

4.1.1.4　原理与应用过程

DEA 方法的具体原理是,通过保持 DMU 的输入或者输出不变,借助数学规划和统计数据确定相对有效的生产前沿面,将各个 DMU 投影到 DEA 的生产前沿面上,并通过比较各 DMU 偏离 DEA 前沿面的程度评价反映各单元的相对有效性。

当前技术水平下所有可能的投入和产出向量的集合为生产可能集,并设某组在其生产活动中的投入向量为 $X \in R^K$,产出向量为 $Y \in R^L$,则可以用 (X,Y) 表示 DMU 的生产活动,其中,

$$X = [x_1, \cdots, x_k]^T \tag{4.1-1}$$

$$Y = [y_1, \cdots, y_k]^T \tag{4.1-2}$$

生产可能集则可以表示为

$$T = \{(\boldsymbol{X}, \boldsymbol{Y}) \mid \boldsymbol{X} \text{ 能生产出 } \boldsymbol{Y}\} \qquad (4.1\text{-}3)$$

设 $\omega \geqslant 0, \mu \geqslant 0, \boldsymbol{W} = \{(\boldsymbol{X}, \boldsymbol{Y}) \mid \omega^{\mathrm{T}}\boldsymbol{X} - \mu^{\mathrm{T}}\boldsymbol{Y} = 0\}$，若满足 $\boldsymbol{T} \subset \{(\boldsymbol{X}, \boldsymbol{Y}) \mid \omega^{\mathrm{T}}\boldsymbol{X} - \mu^{\mathrm{T}}\boldsymbol{Y} \geqslant 0\}$ 且 $\boldsymbol{W} \bigcap \boldsymbol{T} \neq \varnothing$，即存在部分投入仍可以减少或部分产出仍可以增加的状态，则称 $\boldsymbol{W}$ 为生产可能集 $\boldsymbol{T}$ 的弱有效面，称 $\boldsymbol{W} \bigcap \boldsymbol{T}$ 为 $\boldsymbol{T}$ 的弱生产前沿。若满足 $\omega > 0, \mu > 0$，则称 $\boldsymbol{W}$ 为有效面，称 $\boldsymbol{W} \bigcap \boldsymbol{T}$ 为生产前沿。

在评价中，判断投入和产出是否在技术与规模上均达到效率的最高值即判断一个 DMU 是否为 DEA 有效，实际上就是判断该 DMU 是否在生产可能集的生产前沿上；评价 DMU 的效率值时，离生产前沿越近，效率值得分越高。在本研究应用中，更高的环境效率值也就意味着该行业可以利用更少的投入获得更高的经济收益，因此环境效率因素在后续的污染物排放分配工作中起到决定性作用。

此外，行业在进行产出的同时会伴随着污染物等副产物（如废气、废水和固体废弃物等）的生成，此副产物即可定义为非期望产出。非期望产出的增加会造成效率的下降，因此对非期望产出的处理是环境效率评价的关键。

4.1.1.5 计算步骤

（1）明确评价目标

利用 DEA 方法进行效率评价时首先考虑的问题是评价目的，使得分析后的结果具有更强的科学性。

（2）建立评价指标体系

建立输入、输出指标体系时，首先要考虑输入向量和输出向量是否服务于评价目的，是否能全面反映评价目的。指标选取时应尽量避免相关度很高的指标。

（3）选择决策单元（DMU）

在 DEA 方法中，选择决策单元其实就是确定参考集，决策单元要求同质，保证在单元之间利用 DEA 方法进行相对有效性的评价。一般来说，同质单元的特征是具有相同的目标和任务，具有相同的外部环境以及具有同样的输入、输出指标及其量纲。

（4）搜集/整理数据

根据上阶段的分析结果，搜索实证项目中能反映评价目标的实证数据，且把数据间的定性关系反映到权重约束中，按照研究目的，将搜集的原始数据进行整理加工，从中提取对评价有用的数据。

（5）选定模型

建立适合的 DEA 模型获得评价结果，是利用 DEA 进行效率评价的主要步骤之一。本研究选择考虑非期望产出的 SBM 超效率模型(DEA 模型的一种)优化投入和产出指标的约束,由于本研究考虑投入、产出指标数量较多,该模型可以解决效率评价过程中的松弛问题,估计决策单元的超效率值,从而区别分析模型中多个行业效率为 1 的结果。

(6) 计算评价效率结果

根据指标数据,求解考虑非期望产出的 SBM 超效率模型,得到计算的评价效率结果。

(7) 评价分析

通过 DEA 方法得到的评价效率结果可能是合理或不合理这两种效率结果。当得到合理结果时,可直接将结果用于评价目的分析,通过分析可以给出提升实证项目效率的可行性建议;当得到不合理结果时,需分析数据是否准确、可信,修改指标体系或重新获取数据,建立合适的 DEA 模型,直到得到合理结果。

4.1.2　加权评分法

在进行行业排污量分配时,除环境效率外,产业经济政策、行业发展规划、行业现有排放标准、生产技术水平和污染技术水平等也是分配过程中的必要考虑因素。加权评分法将各项相关指标转化为同度量的个体指数,以便于将各项具体指标综合起来,通过主观赋权法或客观赋权法为各指标赋以权数,以最终的综合效益指数作为行业间污染物排放量确定的依据,各指标的权数则体现对应指标在确定排放量过程中的重要程度。相较于其他计算方法,综合加权评分法更适用于重要性相差较大、评价体系与主观判断关联紧密、需充分发挥专家经验的评价体系,具有更强的科学性和简便性。

作为专家意见具有重要参考作用的经验型学科,环境领域常应用加权评分法辅助污染评价与政策制定过程。段思聪[90]对河北省水污染排放标准中各个指标权重进行确定,结合加权评分筛选出优先控制的污染因子,该筛选方法是制定流域污染物排放标准的重要依据。宋利臣等[91]简要介绍了以潜在危害指数为重要指标的综合评分法和加权评分法,并对两者进行了比较,提出黑龙江水污染评价中将来潜在危害指数的发展方向。李雪松等[92]采用层次分析法和线型加权模型分析武汉市水环境治理效益并进行综合评价。邓大鹏等[93]将加权思想引入传统插值评分法,提出了一个新的湖泊富营养化综合评价方法。王冰等[94]通过对水体各类污染物进行加权平均的综合指数计算来评价北京市二次供水水质情况。李沫蕊等[95]结合潜在危害指数评价方法和加权评分方法,构建了新的地下水中典型污染物的筛选方法,并应用于下辽河平原区域地下水典型污染物的筛选。

综上,本研究中采用主观赋权的方式,由行业内自身经验者、专家对各指标进行共同评分,以确定各项指标在分配过程中的重要程度,从而对多指标因素进行系统准确地评判。

4.1.3 基于基尼系数法

在目前环境污染物总量分配、允许排放量分配的研究中,常用方法一般无法说明分配的合理性和公平性,因此在污染量分配工作完成后,需对分配结果进行公平性分析,以确定分配方案的合理性和公正性。目前公平性分析过程主要采用的方法包括:极差法、集中指数法、差别指数法、基尼系数法、泰尔指数法等,其中基尼系数法因其计算简便、数据直观、结果客观等优点得到世界范围内的广泛认可,是目前应用最多的公平性评价方法。

基尼指数最早由意大利统计与社会学家 Corrado Gini 在 1912 年提出,最常被用于评价一个国家或地区的居民收入差距。随着学界对基尼指数评价效果的认同,基尼系数的应用范围也逐步扩展到各领域的公平性评价中,成为当今公平性评价的常用方法之一。

当实际分配曲线与绝对分配曲线可以通过洛伦兹曲线的形式在图中绘制出时(见图4.1-1),即可得到该分配情况对应的基尼系数:实际分配曲线与绝对分配曲线间的面积/绝对分配曲线下方面积,一般用 G 表示,数值介于 0~1 之间。G

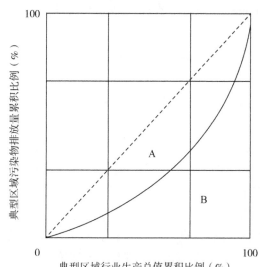

----- 绝对公平行业污染物分配曲线 —— 实际行业污染物分配曲线

图 4.1-1 基尼系数示意图

的数值越小则实际分配曲线与绝对分配曲线越接近,分配方案越均等、越公平。具体计算公式为

$$G = \frac{A_A}{A_A + A_B} \tag{4.1-4}$$

目前,已有大量研究者选择将基尼系数应用于环境与生态领域,尤其常对污染物分配过程的公平性进行评价。

吴文俊等[96]构建以基尼系数为度量标准的流域水污染负荷优化分配模型,并据此制定了松花江流域 33 个控制单元基于公平性的水污染负荷分配方案。蔺照兰等[97]以乌梁素海流域为例,分别以流域内各分区人口、水资源量和国内生产总值(GDP)作为流域内基尼系数的分配指标,对污染物分配方案进行了调整优化。秦迪岚等[98]利用基尼系数最小化模型,制定了洞庭湖区基于公平性的水污染物总量分配方案。刘奇等[99]运用环境基尼系数法,以成都市 19 个区县为评价对象,找到了导致经济和环境承受能力分配不均衡的不公平因子,为提高成都市未来污染物总量分配公平性和优化产业布局提供了有力依据。黄良辉等[100]使用基尼系数法分析了惠州市各县区人口、GDP、水资源量、环境容量等指标对污染物总量负荷分配的影响,并对分配方案的合理性进行评估,确定各县区主要污染物排污量的削减方案。李泽琪[101]等采用熵值加权基尼系数法体现行政单元层面的水污染负荷公平性分配原则。何慧爽[102]针对水污染物总量控制和水污染物总量分配是否公平合理的问题,从水污染物基尼系数角度对我国水污染物总量区域分配公平性及其贡献因子进行分析。李睿[103]在天津市水污染物分配研究中将人口-COD 环境基尼系数作为分配的指标之一。舒琨[104]在巢湖流域水污染负荷分配理论模型研究中,从社会、经济、环境等多个领域筛选出 6 项指标,构建了以基尼系数为度量标准的水污染负荷公平分配评价指标体系。夏丽爽[105]在对松花江哈尔滨段水污染物总量二次分配后,采用基尼系数法对分配结果进行了公平性分析,证明了二次分配结果的公平性。杨占红等[106]以基尼系数法分行业对其工业化学需氧量排放量的公平性进行评价,利用多目标行业总量优化分配模型对苏州市的工业化学需氧量排放总量进行优化分配。此外,吴悦颖、田平、张有贤、程扬、王媛、孟祥明、王丽琼、肖伟华等研究者均在环境领域应用基尼系数法进行了公平性分析,并在各自的研究方向上取得了较好评价效果。

由此可见,基尼系数可以较好地应用于本次污染物分配方案的公平性评价工作中。本研究通过对典型区域重点行业资源消耗量(用水量、能源消耗量)、水

环境污染(废水排放量、污染因子 COD、氨氮、总氮、总磷)基尼系数的计算对该区域行业公平性现状进行评价,通过对比现状行业排污量和优化后的行业排污许可量的公平性,评估典型区域重点行业污染物允许排放量分配前后的行业公平性是否得到改善。

4.2 基于行业公平的典型区域重点行业允许排放量分配方法研究

4.2.1 重点行业环境效率评价

本技术方法采用数据包络分析法(DEA)计算太湖流域重点行业环境效率。

4.2.1.1 概念

数据包络分析(DEA)是一种常用的效率评估方法,用于评价一组具有多个投入、多个产出的决策单元之间的相对效率。

① 决策单元

决策单元(DMU)是 DEA 方法效率评价的对象,是指将一定投入转化为相应产出的实体单元,它可以是一个经济系统也可以是一个生产过程。

② 生产可能集

在生产过程中,将消耗的资源称为投入,将获得的成效称为产出,也可以称为输入和输出变量。生产可能集是指在既定的技术水平下所有可能的投入和产出向量的集合。在评价中,判断一个 DMU 是否为 DEA 有效,实际上就是判断该 DMU 是否在生产可能集的生产前沿上;评价 DMU 一个效率值时,离生产前沿越近,效率值得分越高。

④ 非期望产出

生产活动过程中除了可以得到所需产出(如产值),也伴随着污染物等副产物(如废气、废水和固体废弃物等)的生成,将需要的产出称为期望产出,而将污染物等副产物定义为非期望产出。非期望产出的增加会造成效率的下降,因此对非期望产出的处理是环境效率评价的关键。

使用 DEA 方法评价环境效率,是在传统的评价指标中加入环境指标,本着投入最小化和产出最大化的原则,建立数学规划模型计算所选评价对象的相对效率。

4.2.1.2 计算步骤

(1)明确评价目标

利用 DEA 方法进行效率评价时首先考虑的问题是评价目的,使得分析后的结果具有更强的科学性。

（2）建立评价指标体系

建立输入、输出指标体系时，首先要考虑输入向量和输出向量是否服务于评价目的，是否能全面反映评价目的。指标选取时应尽量避免相关度很高的指标。

（3）选择决策单元（DMU）

在 DEA 方法中，选择决策单元其实就是确定参考集，决策单元要求同质，保证在单元之间利用 DEA 方法进行相对有效性的评价。一般来说，同质单元的特征是具有相同的目标和任务，具有相同的外部环境以及具有同样的输入、输出指标及其量纲。

（4）搜集/整理数据

根据上阶段的分析结果，搜索实证项目中能反映评价目标的实证数据，且把数据间的定性关系反映到权重约束中，按照研究目的，将搜集的原始数据进行整理加工，从中提取对评价有用的数据。

（5）选定模型

建立适合的 DEA 模型获得评价结果，是利用 DEA 进行效率评价的主要步骤之一。研究选择考虑非期望产出的 SBM 超效率模型（DEA 模型的一种）优化投入和产出指标的约束，由于考虑的投入、产出指标数量较多，该模型可以解决效率评价过程中的松弛问题，估计决策单元的超效率值，从而区别分析模型中多个行业效率为 1 的结果。

（6）计算评价效率结果

根据指标数据，利用 MaxDEA Ultra 8 软件求解考虑非期望产出的 SBM 超效率模型，得到计算的评价效率结果。

（7）评价分析

通过 DEA 方法得到的评价效率结果可能会是合理或不合理这两种效率结果。当得到合理结果时，可直接将结果用于评价目的的分析，通过分析可以给出提升实证项目效率的可行性建议；当得到不合理结果时，需分析数据是否准确、可信，修改指标体系或重新获取数据，建立合适的 DEA 模型，直到得到合理结果。

4.2.1.3　指标体系构建

利用 DEA 方法分析区域重点行业环境效率，根据数据可得性，初步建立典型区域重点行业环境效率评价指标体系。指标类别可分为投入指标、产出指标：投入指标主要为资源消耗；产出指标包括地区经济产出（期望产出）以及环境污染（非期望产出）。具体指标见表 4.2-1。

表 4.2-1　典型区域重点行业环境效率评价指标体系

项目	类别	基础指标构成	
投入指标	资源消耗	能源消耗	能源消耗总量(t标准煤/a)
		水资源消耗	用水总量(t/a)
产出指标	环境污染	废水排放	工业废水排放量(t/a)
			工业废水 COD 排放量(t/a)
			工业废水氨氮排放量(t/a)
			工业废水总氮排放量(t/a)
			工业废水总磷排放量(t/a)
		废气排放	工业废气 SO_2 排放量(t/a)
			工业废气 NO_x 排放量(t/a)
			工业废气(烟)粉尘排放量(t/a)
	地区经济产出	行业经济发展总量	工业生产总值(万元)

4.2.2　江苏省太湖流域重点行业环境效率评价

4.2.2.1　重点行业类别统计

利用可获取的 2017 年度环统数据,对大样本数据——太湖流域内 5 196 家企业,28 个行业大类(不考虑 42 废弃资源综合利用业和 44 电力、热力生产和供应业等配套基础设施行业),由于印染、化工、造纸、钢铁、电镀、食品行业属于太湖流域水污染物排放重点关注行业,对照《国民经济行业分类》(GB/T 4754—2017)(化工分类参考《江苏省化工产业安全环保整治提升方案》附件 3),造纸、钢铁、食品行业类别较为明确,而电镀行业暂无文件规定其行业类别,故不进行行业类别重新梳理,见表 4.2-2。

对上述行业进行环境效率基准值计算,在大流域层面得到太湖流域重点行业环境效率基准值表(百分制)。

表 4.2-2　江苏省太湖流域重点行业及代码名录

大类行业代码	行业名称	中类行业代码	行业名称	企业数量(家)
13	农副食品加工业	131	谷物磨制	45
		132	饲料加工	
		133	植物油加工	

大类行业代码	行业名称	中类行业代码	行业名称	企业数量（家）
13	农副食品加工业	135	屠宰及肉类加工	45
		136	水产品加工	
		137	蔬菜、菌类、水果和坚果加工	
		139	其他农副食品加工	
14	食品制造业	141	烘烤食品制造	80
		143	方便食品制造	
		144	乳制品制造	
		145	罐头食品制造	
		146	调味品、发酵品制造	
		149	其他食品制造	
15	酒、饮料和精制茶制造业	151	酒的制造	28
		152	饮料制造	
17	纺织业（含印染）	171	1713	棉印染精加工	754
		172	1723	毛染整精加工	
		173	1733	麻染整精加工	
		174	1743	丝印染精加工	
		175	1752	化纤织物染整精加工	
		176	1762	针织或钩针编织物印染精加工	
17	纺织业（不含印染）	171	1711	棉纺纱加工	438
			1712	棉织造加工	
		172	1721	毛条和毛纱线加工	
			1722	毛织造加工	
		173	1731	毛纤维纺前加工和纺纱	
			1732	毛织造加工	
		174	1741	缫丝加工	
			1742	绢纺和丝织加工	
		175	1751	化纤织造加工	
		176	1761	针织或钩针编织物织造	
		178	—	产业用纺织制成品制造	

续　表

大类行业代码	行业名称	中类行业代码		行业名称	企业数量（家）
18	纺织服装、服饰业	181		纺织服装、服饰业	50
		182		针织或钩针编织服装制造	
		183		服饰制造	
19	皮革、毛羽及其制品和鞋业	191		皮革鞣制加工	20
		192		皮革制品制造	
		194		毛皮鞣制及制品加工	
		195		制鞋业	
20	木材加工和木、竹、藤、棕、草制品业	202		人造板制造	23
		203		木质制品制造	
21	家具制造业	211		木质家具制造	23
		213		金属家具制造	
		214		塑料家具制造	
		219		其他家具制造	
22	造纸和纸制品业	222		造纸	64
		223		纸制品制造	
23	印刷和记录媒介复制业	231		印刷	93
		232		装订及印刷相关服务	
		233		记录媒介复制	
24	文教、工美、体育和娱乐用品制造业	241		文教办公用品制造	17
		243		工艺美术及礼仪用品制造	
		244		体育用品制造	
		245		玩具制造	
25	化工行业	251	2511	原油加工及石油制品制造	
			2519	其他原油制造	
26		261	2611	无机酸制造	
			2612	无机碱制造	
			2613	无机盐制造	
			2614	有机化学原料制造	
			2619	其他基础化学原料制造	

大类行业代码	行业名称	中类行业代码	行业名称	企业数量（家）
26	化工行业	262	2621	氮肥制造	864
			2622	磷肥制造	
			2624	复混肥料制造	
			2629	其他肥料制造	
		263	2631	化学农药制造	
			2632	生物化学农药及微生物农药制造	
		264	2641	涂料制造	
			2642	油墨及类似产品制造	
			2643	工业颜料制造	
			2644	工艺美术颜料制造	
			2645	染料制造	
		265	2651	初级形态塑料及合成树脂制造	
			2652	合成橡胶制造	
			2653	合成纤维单（聚合）体制造	
			2659	其他合成材料制造	
		266	2661	化学试剂和助剂制造	
			2662	专项化学用品制造	
			2663	林产化学产品制造	
			2664	文化用信息化学品制造	
			2665	医学生产用信息化学品制造	
			2666	环境污染处理专用药剂材料制造	
			2669	其他专用化学产品制造	
	其他化学原料和化学品制造业	267	炸药、火工及焰火产品制造	32
		268	日用化学品制造	

大类行业代码	行业名称	中类行业代码	行业名称	企业数量（家）
27	医药制造业	271	化学药品原料药制造	125
		272	化学药品制剂制造	
		273	中药饮片加工	
		274	中成药生产	
		275	兽用药品制造	
		276	生物药品制品制造	
		277	卫生材料及医药用品制造	
		278	药用辅料及包装材料	
28	化学纤维制造业	281	纤维素原料及制造	53
		282	合成纤维制造	
29	橡胶和塑料制品业	291	橡胶制品业	187
		292	塑料制品业	
30	非金属矿物制品业	301	水泥、石灰和石膏制造	228
		302	石膏、水泥制品及类似制品制造	
		303	砖瓦、石材等建筑料制造	
		304	玻璃制造	
		305	玻璃制品制造	
		306	玻璃纤维和玻璃纤维增强塑料制品制造	
		307	陶瓷制品制造	
		308	耐火材料制品制造	
		309	石墨及其他非金属矿物制品制造	
31	黑色金属冶炼和压延加工业	311	炼铁	195
		312	炼钢	
		313	钢压延加工	
		314	铁合金冶炼	
32	有色金属冶炼和压延加工业	321	常用有色金属冶炼	70
		322	贵金属冶炼	
		323	稀有稀土金属冶炼	
		324	有色金属合金制造	
		325	有色金属压延加工	

续　表

大类行业代码	行业名称	中类行业代码	行业名称	企业数量（家）
33	金属制品业	331	结构性金属制品制造	654
		332	金属工具制造	
		333	集装箱及金属包容器制造	
		334	金属丝绳及其制品制造	
		335	建筑、安全用金属制品制造	
		336	金属表面处理及热处理加工	
		338	金属制日用品制造	
		339	铸造及其他金属制品制造	
34	通用设备制造业	341	锅炉及原动设备制造	186
		342	金属加工机械制造	
		343	物料搬运设备制造	
		344	泵、阀门、压缩机及类似机械制造	
		345	轴承、齿轮和传动部件制造	
		346	烘炉、风机、包装等设备制造	
		347	文化、办公用机械制造	
		348	通用零部件制造	
		349	其他通用设备制造业	
35	专用设备制造业	351	采矿、冶金、建筑专用设备制造	146
		352	化工、木材、非金属加工专用设备制造	
		353	食品、酒、饮料及茶生产专用设备制造	
		354	印刷、制药、日化及用品生产专用设备制造	
		355	纺织、服装和皮革加工专用设备制造	
		356	电子和电工机械专用设备制造	
		357	农、林、牧、渔专用机械制造	
		358	医疗仪器设备器械制造	
		359	环保、邮政、社会公共服务及其他专用设备制造	
36	汽车制造业	361	汽车整车制造	134
		362	汽车用发动机制造	
		363	改装汽车制造	
		367	汽车零部件及配件制造	

续　表

大类行业代码	行业名称	中类行业代码	行业名称	企业数量（家）
37	铁路、船舶、航空航天和其他运输设备制造业	371	铁路运输设备制造	66
		372	城市轨道交通设备制造	
		373	船舶及相关装置制造	
		374	航空、航天器及设备制造	
		375	摩托车制造	
		376	自行车和残疾人座车制造	
		377	助动车制造	
		379	潜水救捞及其他未列明运输设备制造	
38	电气机械和器材制造业	381	电机制造	158
		382	输配电及控制设备制造	
		383	电线、电缆、光缆及电工器材制造	
		384	电池制造	
		385	家用电力器具制造	
		386	非电力家用器具制造	
		387	照明器具制造	
		389	其他电气机械及器材制造	
39	计算机、通信和其他电子设备制造业	391	计算机制造	352
		392	通信设备制造	
		393	广播电视设备制造	
		395	非专业视听设备制造	
		396	智能消费设备制造	
		397	电子器件制造	
		398	电子元件及电子专用材料制造	
		399	其他电子设备制造	
40	仪器仪表制造业	401	通用仪器仪表制造	29
		402	专用仪器仪表制造	
		404	光学仪器制造	
		409	其他仪器仪表制造业	
41	其他制造业	411	日用杂品制造	92

4.2.2.2　重点行业环境效率指标数据统计

根据环境效率指标体系得到江苏省太湖流域重点行业环境效率指标数据，详见表4.2-3和图4.2-1(图中数据"四舍五入"取整)。

表 4.2-3　江苏省太湖流域重点行业环境效率指标数据统计

行业代码	行业名称	工业总产值（当年价格）（万元）	取水量（t/a）	总能源消耗量（t标准煤/a）	工业废水排放量（t/a）	COD排放量（t/a）	氨氮排放量（t/a）	总氮排放量（t/a）	总磷排放量（t/a）	二氧化硫排放量（t/a）	氮氧化物排放量（t/a）	烟（粉）尘排放量（t/a）
13	农副食品加工业	3 169 398.13	4 878 800.52	208 227.04	3 712 872.38	234.738 3	62.905 9	129.265 5	8.299 0	135.344 7	176.754 4	158.943 5
14	食品制造业	3 445 833.33	13 728 710.40	416 706.29	8 941 370.28	470.713 8	29.579 1	143.406 3	4.982 4	146.796 8	152.985 4	84.513 9
15	酒、饮料和精制茶制造业	1 159 356.78	12 661 618.90	6 741 840.83	8 005 480.27	447.483 6	23.099 5	80.808 4	2.285 6	317.455 8	225.896 7	152.909 2
17	纺织业（含印染）	10 610 682.97	283 479 534.96	8 816 412.83	234 664 182.79	12 518.650 0	679.830 0	2 204.680 0	67.410 0	6 331.640 0	3 917.150 0	2 725.870 0
17	纺织业（不含印染）	5 992 203.70	125 657 083.62	2 914 504.17	95 307 793.15	5 419.100 0	352.160 0	948.940 0	38.110 0	1 825.070 0	1 408.830 0	1 043.080 0
18	纺织服装、服饰业	1 155 325.59	4 966 800.00	48 094.41	3 961 490.02	216.018 6	14.583 1	40.159 4	1.287 1	18.477 9	42.392 8	22.216 0
19	皮革、毛羽及其制品和制鞋业	339 712.10	1 360 568.00	136 764.50	723 729.17	40.274 5	3.521 1	11.173 3	0.261 6	92.521 7	117.689 2	59.678 9
20	木材加工和木、竹、藤、棕、草制品业	411 765.97	516 108.50	208 094.52	212 583.28	19.195 6	1.828 0	3.594 2	0.257 5	378.029 7	110.115 2	490.251 4
21	家具制造业	410 085.85	800 588.00	44 978.77	270 984.55	12.562 3	1.166 6	2.717 4	0.071 9	1.109 3	6.018 7	6.087 0
22	造纸和纸制品业	4 502 151.83	81 121 715.10	47 366 230.44	48 914 945.70	3 194.636 5	198.359 5	506.140 7	14.843 8	2 836.452 2	4 219.045 6	1 199.442 9
23	印刷和记录媒介复制业	1 189 830.01	1 788 231.23	156 543.99	963 233.02	45.787 9	2.469 6	7.649 0	0.230 1	11.773 7	30.326 1	20.623 8
24	文教、工美、体育和娱乐用品制造业	285 906.90	885 458.00	29 870.57	603 055.63	44.028 2	3.278 7	8.000 3	1.033 3	0.529 2	2.101 0	4.937 9
25/	化工行业	25 558 441.38	151 407 840.16	18 539 045.80	61 677 212.79	3 797.580 0	349.270 0	754.640 0	16.490 0	6 999.600 0	7 965.550 0	3 586.790 0
26	其他化学原料和化学品制造业	1 691 827.51	3 647 644.00	203 146.38	1 959 374.33	141.180 0	2.180 0	8.690 0	0.130 0	8.130 0	39.150 0	8.160 0

续　表

行业代码	行业名称	工业总产值（当年价格）（万元）	取水量（t/a）	总能源消耗量（t标准煤/a）	工业废水排放量（t/a）	COD排放量（t/a）	氨氮排放量（t/a）	总氮排放量（t/a）	总磷排放量（t/a）	二氧化硫排放量（t/a）	氮氧化物排放量（t/a）	烟（粉）尘排放量（t/a）
27	医药制造业	4 509 227.34	11 903 703.62	4 751 415.19	7 854 948.54	536.264 8	38.065 8	100.619 2	4.505 3	316.282 0	187.476 9	149.901 7
28	化学纤维制造业	6 714 890.15	11 020 227.50	3 534 341.32	3 682 780.29	186.644 4	9.766 9	26.270 9	1.234 4	3 229.458 0	7 475.606 3	856.046 0
29	橡胶和塑料制品业	13 283 275.57	7 949 201.57	1 482 868.85	2 835 315.72	148.883 5	10.21□ 4	28.380 9	1.082 0	316.981 2	648.253 7	173.252 9
30	非金属矿物制品业	5 618 413.87	15 290 222.59	7 918 160.36	5 663 631.13	293.956 0	14.784 9	37.867 5	1.320 2	5 637.043 1	28 564.078 8	25 434.376 7
31	黑色金属冶炼和压延加工业	44 692 226.68	197 413 623.68	13 675 034.96	46 363 164.41	1 728.199 9	84.142 7	197.843 7	11.173 0	47 918.869 6	57 810.479 8	105 647.074 1
32	有色金属冶炼和压延加工业	5 789 030.16	8 337 935.52	61 847 771.14	3 390 894.22	164.171 4	11.072 2	30.901 7	1.006 7	307.803 0	492.846 2	483.123 4
33	金属制品业	14 817 495.19	36 640 272.08	13 633 302.63	20 465 249.90	1 122.406 0	79.252 2	258.982 9	12.286 4	776.094 1	986.778 6	1 443.597 2
34	通用设备制造业	16 488 273.15	10 030 471.20	8 202 200.53	6 498 524.33	401.481 6	31.422 4	83.831 4	3.080 3	168.394 6	123.341 8	368.233 6
35	专业设备制造业	5 973 679.99	8 216 923.71	42 639 581.18	4 995 577.49	243.946 4	19.145 9	49.192 7	1.781 0	66.959 7	136.073 5	223.101 8
36	汽车制造业	22 437 239.85	15 053 075.29	17 500 477.68	6 814 538.89	340.897 0	27.723 5	80.933 7	3.060 0	23.854 8	308.354 9	237.139 9
37	铁路、船舶、航空航天和其他运输设备制造业	3 977 835.62	5 838 566.51	1 458 751.64	2 945 522.41	130.059 7	8.754 1	24.541 0	1.100 8	39.458 5	285.170 5	65.692 3
38	电气机械和器材制造业	17 706 826.55	23 218 177.13	10 366 802.17	14 950 457.26	762.928 7	53.□69 9	174.775 8	4.839 7	179.792 3	775.572 7	254.802 3
39	计算机、通信和其他电子设备制造业	52 495 000.18	151 565 249.07	16 716 173.79	103 801 091.43	4 891.728 6	350.854 7	1 830.053 3	57.388 0	1 189.667 4	2 602.469 0	517.235 6
40	仪器仪表制造业	5 800 717.20	5 529 088.10	303 197.67	3 630 478.13	158.828 7	10.170 3	37.932 3	1.169 8	30.721 1	10.698 5	6.359 0
41	其他制造业	3 326 847.98	6 345 327.30	337 116.49	2 888 949.31	122.515 7	10.181 8	40.857 0	1.023 3	104.799 2	84.481 9	66.645 7

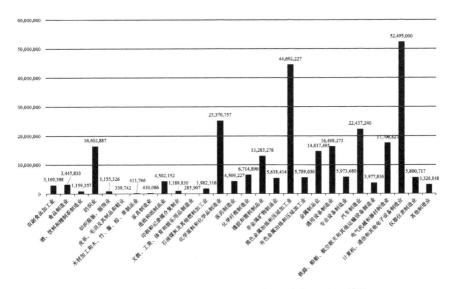

图 4.2-1(1) 太湖流域重点行业工业总产值(当年价格)(单位:万元)

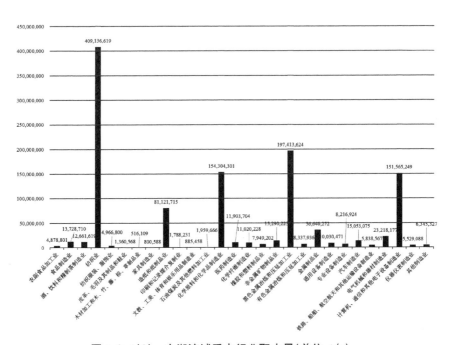

图 4.2-1(2) 太湖流域重点行业取水量(单位:t/a)

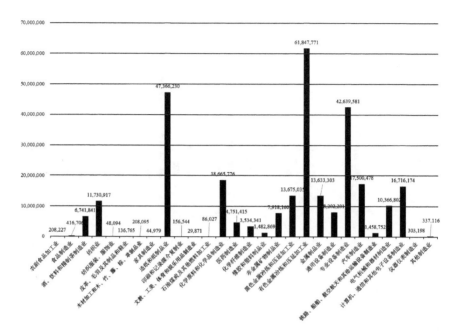

图 4.2-1(3)　太湖流域重点行业总能源消耗量(单位:t 标准煤/a)

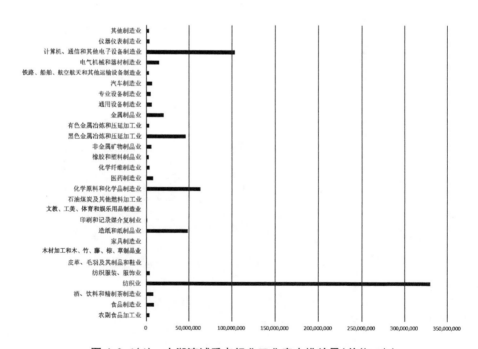

图 4.2-1(4)　太湖流域重点行业工业废水排放量(单位:t/a)

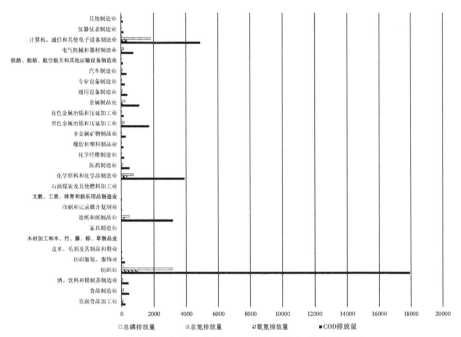

图 4.2-1(5)　太湖流域重点行业工业水污染物排放量(单位:t/a)

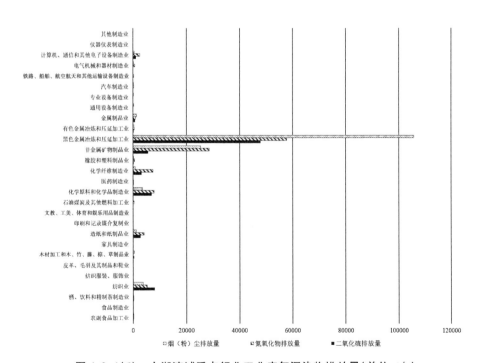

图 4.2-1(6)　太湖流域重点行业工业废气污染物排放量(单位:t/a)

4.2.2.3 重点行业环境效率基准值计算结果

江苏省太湖流域重点行业环境效率基准值计算结果见表4.2-4,由计算结果可知,太湖流域28个重点行业中,环境效率较高的包括:仪器仪表制造业,汽车制造业,其他化工行业,橡胶和塑料制品业,家具制造业,文教、工美、体育和娱乐用品制造业,通用设备制造业,纺织服装、服饰业等8个行业,得分均在90分以上;环境效率较低的包括:造纸和纸制品业,酒、饮料和精制茶制造业,纺织业(含印染),纺织业(不含印染),化工行业,非金属矿物制品业,皮革、毛羽及其制品和鞋业,医药制造业,黑色金属冶炼和压延加工业,有色金属冶炼和压延加工业,化学纤维制造业,专业设备制造业,食品制造业,木材加工和木、竹、藤、棕、草制品业等14个行业,得分均在20分以内。

表 4.2-4　江苏省太湖流域重点行业环境效率基准值表

重点行业		环境效率得分
行业代码	名称	（百分制）
13	农副食品加工业	36.8
14	食品制造业	17.2
15	酒、饮料和精制茶制造业	1.8
17	纺织业(含印染)	2.4
	纺织业(不含印染)	3.7
18	纺织服装、服饰业	92.3
19	皮革、毛羽及其制品和鞋业	9.4
20	木材加工和木、竹、藤、棕、草制品业	18.2
21	家具制造业	94.2
22	造纸和纸制品业	1.1
23	印刷和记录媒介复制业	35.9
24	文教、工美、体育和娱乐用品制造业	94.3
25/26	化工行业	6.0
26	其他化学原料和化学品制造业	95.3
27	医药制造业	9.5
28	化学纤维制造业	16.1

续　表

重点行业		环境效率得分（百分制）
行业代码	名称	
29	橡胶和塑料制品业	96.7
30	非金属矿物制品业	7.8
31	黑色金属冶炼和压延加工业	13.0
32	有色金属冶炼和压延加工业	12.5
33	金属制品业	9.8
34	通用设备制造业	92.3
35	专业设备制造业	16.9
36	汽车制造业	97.1
37	铁路、船舶、航空航天和其他运输设备制造业	26.2
38	电气机械和器材制造业	24.9
39	计算机、通信和其他电子设备制造业	13.0
40	仪器仪表制造业	100.0
41	其他制造业	30.6

4.2.3　典型区域重点行业环境效率

4.2.3.1　典型区域重点行业筛选

筛选水污染物产生量和排放量较大、排污许可重点管理的行业作为重点行业。行业类别依据《国民经济行业分类》(GB/T 4754—2017)作为分类标准，按行业种类进行分类汇总处理。

一个区域的COD、总氮、总磷产生量是区域水环境污染物总量分配方案制定时首先要考虑的因子，选定行业污染因子排放总量占流域工业排放量60%以上的行业为重点行业。

4.1.3.2　典型区域重点行业环境效率

本次研究的典型区域包括宜兴市社㳇港典型区域、武进区太滆运河典型区域、宜兴市和武进区，在典型区域层面筛选区域重点行业，可直接引用"表4.2-4江苏省太湖流域重点行业环境效率基准值表"，转换为百分制得分，最终得到典型区域重点行业环境效率得分，见表4.2-5。

表 4.2-5 典型区域重点行业环境效率得分表

重点行业		环境效率基准值得分	百分制得分
序号	行业名称		
1			
2			
3			
...			

4.2.4 典型区域重点行业排污许可限值核定方法

采用多目标加权评分法对典型区域重点行业排污许可量进行分配。

4.2.4.1 五大因素计算方法

（1）环境效率

重点行业环境效率计算结果详见 4.2.2 章节。

（2）产业经济政策及行业发展规划

采用"五点法"对典型区域重点行业的产业经济政策/行业发展规划进行量化打分，考虑以下 10 个政策因素，表格中 10 个政策考虑因素的总分加合（百分制）即该重点行业的产业经济政策及行业发展规划得分见表 4.2-6。

表 4.2-6 重点行业产业经济政策及行业发展规划打分表

序号	考虑因素	2分	4分	6分	8分	10分
1	国家产业政策调整名录要求					
2	江苏省工业和信息产业结构调整指导目录					
3	太湖流域管理条例					
4	区域产业准入要求					
5	区域主导支柱产业					
6	落后产能/过剩产能（占比越大，得分越低）					
7	区域先进制造业/战略性新兴产业相符性（占比越大，得分越高）					
8	区域经济产值贡献能力					
9	稳定就业/促就业能力					
10	对产业结构调整的促进能力					
	合计总分					

（3）污染物排放标准

由于不同行业生产工艺的不同，水污染物排放基础水平也不同。对比各重点行业水污染排放标准限值，已发布行业标准的重点行业参考新建企业行业排放标准，未发布行业标准的重点行业参考《太湖地区城镇污水处理厂及重点工业行业主要水污染物排放限值》(DB 32/1072—2018)或考虑区域城镇污水处理厂主要水污染物排放限值；同一重点行业大类下存在小类行业排放标准，可取平均污染因子排放标准。百分制得分换算方法：某重点行业污染物排放标准得分/所有重点行业污染物排放标准得分最大值×100，见表 4.2-7 和表 4.2-8。

表 4.2-7 江苏省太湖流域重点行业水污染物因子排放标准

重点行业		水污染因子排放标准			
行业代码	名称	COD	氨氮	总氮	总磷
13	农副食品加工业	50.0	4.0	12.0	0.5
14	食品制造业	60.0	5.0	15.0	0.5
15	酒、饮料和精制茶制造业	50.0	4.0	12.0	0.5
17	纺织业（含印染）	60.0	5.0	12.0	0.5
	纺织业（不含印染）	53.3	5.0	11.7	0.5
18	纺织服装、服饰业	50.0	4.0	12.0	0.5
19	皮革、毛羽及其制品和鞋业	50.0	4.0	12.0	0.5
20	木材加工和木、竹、藤、棕、草制品业	50.0	4.0	12.0	0.5
21	家具制造业	50.0	4.0	12.0	0.5
22	造纸和纸制品业	63.3	5.0	10.0	0.5
23	印刷和记录媒介复制业	50.0	4.0	12.0	0.5
24	文教、工美、体育和娱乐用品制造业	50.0	4.0	12.0	0.5
25/26	化工行业	52.2	5.9	14.4	0.5
26	其他化学原料和化学品制造业	60.0	5.0	15.0	0.5
27	医药制造业	50.0	4.0	12.0	0.5
28	化学纤维制造业	50.0	4.0	12.0	0.5
29	橡胶和塑料制品业	50.0	4.0	12.0	0.5
30	非金属矿物制品业	50.0	4.0	12.0	0.5
31	黑色金属冶炼和压延加工业	40.0	5.0	15.0	0.5

重点行业		水污染因子排放标准			
32	有色金属冶炼和压延加工业	50.0	4.0	12.0	0.50
33	金属制品业	50.0	5.0	15.0	0.50
34	通用设备制造业	50.0	4.0	12.0	0.50
35	专业设备制造业	50.0	4.0	12.0	0.50
36	汽车制造业	50.0	4.0	12.0	0.50
37	铁路、船舶、航空航天和其他运输设备制造业	50.0	4.0	12.0	0.50
38	电气机械和器材制造业	50.0	4.0	12.0	0.50
39	计算机、通信和其他电子设备制造业	50.0	4.0	12.0	0.50
40	仪器仪表制造业	50.0	4.0	12.0	0.50
41	其他制造业	50.0	4.0	12.0	0.50

表 4.2-8　江苏省太湖流域重点行业污染物排放标准得分推荐表

重点行业		污染物排放标准得分（百分制）			
行业代码	名称	COD	氨氮	总氮	总磷
13	农副食品加工业	79.0	67.8	80.0	100.0
14	食品制造业	94.8	84.7	100.0	100.0
15	酒、饮料和精制茶制造业	79.0	67.8	80.0	100.0
17	纺织业（含印染）	94.8	84.7	80.0	100.0
	纺织业（不含印染）	84.2	84.7	78.0	100.0
18	纺织服装、服饰业	79.0	67.8	80.0	100.0
19	皮革、毛羽及其制品和鞋业	79.0	67.8	80.0	100.0
20	木材加工和木、竹、藤、棕、草制品业	79.0	67.8	80.0	100.0
21	家具制造业	79.0	67.8	80.0	100.0
22	造纸和纸制品业	100.0	84.7	66.7	100.0
23	印刷和记录媒介复制业	79.0	67.8	80.0	100.0
24	文教、工美、体育和娱乐用品制造业	79.0	67.8	80.0	100.0
25/26	化工行业	82.5	100.0	96.0	100.0

	重点行业	污染物排放标准得分（百分制）			
26	其他化学原料和化学品制造业	94.8	84.7	100.0	100.0
27	医药制造业	79.0	67.8	80.0	100.0
28	化学纤维制造业	79.0	67.8	80.0	100.0
29	橡胶和塑料制品业	79.0	67.8	80.0	100.0
30	非金属矿物制品业	79.0	67.8	80.0	100.0
31	黑色金属冶炼和压延加工业	63.2	84.7	100.0	100.0
32	有色金属冶炼和压延加工业	79.0	67.8	80.0	100.0
33	金属制品业	79.0	84.7	100.0	100.0
34	通用设备制造业	79.0	67.8	80.0	100.0
35	专业设备制造业	79.0	67.8	80.0	100.0
36	汽车制造业	79.0	67.8	80.0	100.0
37	铁路、船舶、航空航天和其他运输设备制造业	79.0	67.8	80.0	100.0
38	电气机械和器材制造业	79.0	67.8	80.0	100.0
39	计算机、通信和其他电子设备制造业	79.0	67.8	80.0	100.0
40	仪器仪表制造业	79.0	67.8	80.0	100.0
41	其他制造业	79.0	67.8	80.0	100.0

（4）生产技术水平和污染治理水平

重点行业生产技术水平和污染治理水平在环境效率因子和污染物排放标准因子中均有体现。

4.2.4.2　重点行业多目标加权评分

（1）多目标加权评分法

重点行业可根据环境效率、污染物排放标准以及各层面产业经济政策和行业发展规划等因素具体得分，计算得到重点行业间各因素影响强度；采用专家打分形式确定各因素权重（$Y_1,Y_2,Y_3,Y_1+Y_2+Y_3=100$），通过各重点行业及因素百分制得分与各因素影响因子强度加权评分，可得到区域重点行业综合得分 TS_i。

表 4.2-9　典型区域重点行业因素得分及允许排放量加权得分计算表

行业	水污染因子	环境效率 $Y_1=60$	产业经济政策及行业发展规划 $Y_2=30$	污染物排放标准 $Y_3=10$	总分合计 100
行业 a	COD			$S_{a3\text{-COD}}$	$TS_{a3\text{-COD}}$
	氨氮	S_{a1}	S_{a2}	$S_{a3\text{-氨氮}}$	$TS_{a3\text{-氨氮}}$
	总氮			$S_{a3\text{-总氮}}$	$TS_{a3\text{-总氮}}$
	总磷			$S_{a3\text{-总磷}}$	$TS_{a3\text{-总磷}}$
行业 b	COD			$S_{b3\text{-COD}}$	$TS_{b3\text{-COD}}$
	氨氮	S_{b1}	S_{b2}	$S_{b3\text{-氨氮}}$	$TS_{b3\text{-氨氮}}$
	总氮			$S_{b3\text{-总氮}}$	$TS_{b3\text{-总氮}}$
	总磷			$S_{b3\text{-总磷}}$	$TS_{b3\text{-总磷}}$
行业 c	COD			$S_{c3\text{-COD}}$	$TS_{c3\text{-COD}}$
	氨氮	S_{c1}	S_{c2}	$S_{c3\text{-氨氮}}$	$TS_{c3\text{-氨氮}}$
	总氮			$S_{c3\text{-总氮}}$	$TS_{c3\text{-总氮}}$
	总磷			$S_{c3\text{-总磷}}$	$TS_{c3\text{-总磷}}$
行业 i	COD			$S_{i3\text{-COD}}$	$TS_{i3\text{-COD}}$
	氨氮	S_{i1}	S_{i2}	$S_{i3\text{-氨氮}}$	$TS_{i3\text{-氨氮}}$
	总氮			$S_{i3\text{-总氮}}$	$TS_{i3\text{-总氮}}$
	总磷			$S_{i3\text{-总磷}}$	$TS_{i3\text{-总磷}}$
行业 n	COD			$S_{n3\text{-COD}}$	$TS_{n3\text{-COD}}$
	氨氮	S_{n1}	S_{n2}	$S_{n3\text{-氨氮}}$	$TS_{n3\text{-氨氮}}$
	总氮			$S_{n3\text{-总氮}}$	$TS_{n3\text{-总氮}}$
	总磷			$S_{n3\text{-总磷}}$	$TS_{n3\text{-总磷}}$

注:S_i 均为百分制得分。

假设该区域共筛选出 n 个重点行业,分别为重点行业 a、重点行业 b、重点行业 c……重点行业 n,各重点行业考虑环境效率、产业经济政策及行业发展规划和水污染物排放标准后,最终加权得分计算方法如式(4.2-1):

$$TS_i = Y_1 \times S_{i1} + Y_2 \times S_{i2} + Y_3 \times S_{i3} \qquad (4.2\text{-}1)$$

式中,TS_i 为重点行业 i 三大因素最终加权得分;S_{i1} 为重点行业 i 环境效率因素得分;S_{i2}为重点行业i产业经济政策及行业发展规划因素得分;S_{i3}为重点行业i污染物排放标准三因素得分。

（2）各因素权重确定

采用专家打分形式确定各因素权重（Y_1，Y_2，Y_3，$Y_1+Y_2+Y_3=100$）。调研共获得有效问卷数 158 份,除高等院校人员以及政府管理人员,环保行业、具体产业和其他行业仅采纳高级职称及以上人员的建议,得到有效问卷数 77 份,统计分析结果如下。

调查人员中,硕士及以上人员占比 93.51%;高级职称及以上人员占比 90.9%;管理部门人员占比 2.6%,高等院校人员占比 7.8%,环保行业专业人员占比 71.4%;产业/政策专业人员占比 9.1%,环境科学与保护方向专业人员占比 90.9%。

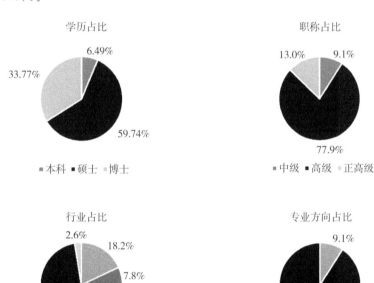

图 4.2-2　调查人员构成

取环境效率、产业经济政策及行业发展规划、污染物排放标准三个因素在上述样本数据中的得分平均值,得到环境效率 58.8 分,产业经济政策及行业发展规划 28.4 分,污染物排放标准 12.86 分,将其取整,最终得到环境效率、产业经济政策及行业发展规划、污染物排放标准三个因素权重为 6∶3∶1。

4.2.4.3 综合系数法下的允许排放量分配

（1）分配原则

① 仅考虑有废水排放的重点行业；

② 不考虑提供其他产业配套的基础设施建设的重点行业；

③ 若产业规划中已明确关停、搬迁企业方案，需在产业经济政策及行业发展规划评分中予以体现；

④ 允许排放量分配按不同水污染因子的不同分配比例单独计算；

⑤ 重点行业污染物削减量不可超过重点行业现状排放量，削减至 0 后，剩余削减量按具有允许排放量的行业的现状占比进行同比例削减。

（2）综合系数法

综合系数法以典型区域重点行业污染物排放现状为基础，以各重点行业综合得分为调整系数，对重点行业污染物允许排放量进行分配。

假设该区域共筛选出 n 个重点行业，分别为重点行业 a、重点行业 b、重点行业 c……重点行业 i……重点行业 n，重点行业 i 的污染物允许排放量计算公式如下：

$$S'_i = \frac{S_i}{S_{\text{total}}} \qquad (4.2\text{-}2)$$

$$TS'_i = \frac{TS_i}{\sum\limits_{i=a}^{n} TS_n} \qquad (4.2\text{-}3)$$

$$W_i = \frac{0.7 \times S'_i + 0.3 \times TS'_i}{\sum\limits_{i=a}^{n}(0.7 \times S'_i + 0.3 \times TS'_i)} \qquad (4.2\text{-}4)$$

$$C_i = C \times W_i \qquad (4.2\text{-}5)$$

式中，S'_i 为典型区域中重点行业 i 现状占比系数，不同污染因子分别用 S'_{COD}、$S'_{\text{NH}_3\text{-N}}$、$S'_{\text{TN}}$、$S'_{\text{TP}}$ 表示；S_i 为典型区域重点行业 i 现状排放量，不同污染因子分别用 $S_{i\text{COD}}$、$S_{i\text{NH}_3\text{-N}}$、$S_{i\text{TN}}$、$S_{i\text{TP}}$ 表示；S_{total} 为典型区域某污染因子现状排放总量，不同污染因子分别用 $S_{\text{total-COD}}$、$S_{\text{total-NH}_3\text{-N}}$、$S_{\text{total-TN}}$、$S_{\text{total-TP}}$ 表示；TS'_i 为典型区域中重点行业 i 得分占比系数，不同污染因子分别用 TS'_{COD}、$TS'_{\text{NH}_3\text{-N}}$、$TS'_{\text{TN}}$、$TS'_{\text{TP}}$ 表示；TS_i 为重点行业 i 三大因素最终加权得分；W_i 为典型区域重点行业 i 污染物允许排放量分配系数，不同污染因子分别用 $W_{i\text{COD}}$、$W_{i\text{NH}_3\text{-N}}$、$W_{i\text{TN}}$、$W_{i\text{TP}}$ 表示；C_i 为模型计算得到典型区域重点行业 i 污染物允许排放量，不同污染因子

分别用 C_{iCOD}、C_{iNH_3-N}、C_{iTN}、C_{iTP} 表示。

4.2.5　典型区域分配前后行业公平性评价

除对研究区域各重点行业允许排放量分配结果(削减或扩产)进行逐条可行性和合理性分析外,典型区域分配前后的行业公平性以基尼系数进行表征。

通过对典型区域重点行业资源消耗量(用水量、能源消耗量)、水环境污染(废水排放量,污染因子 COD、氨氮、总氮、总磷)基尼系数的计算,对该区域行业公平性现状进行评价,通过对比现状行业排污量和优化后的行业排污许可量的公平性,评估典型区域重点行业污染物允许排放量分配前后的行业公平性是否得到改善。

4.3　基于水质目标的宜兴社渎港典型区域重点行业污染物允许排放量分配研究

4.3.1　重点行业筛选

4.3.1.1　行业公平性评价

利用《2017 年环境统计数据－工业源(太湖流域)》,收集到宜兴市社渎港典型区域(高塍镇、屺亭街道、芳桥街道和新庄街道)区域内企业 2017 年度工业生产总值和废水排放量数据,根据行业进行分类(详见表 4.3-1),并以社渎港典型区域行业企业工业总产值为评估指标、工业产值的累积比例作为横坐标、行业企业废水排放量的累积比例作为纵坐标,以各行业企业工业生产总值-废水排放量绘制社渎港典型区域行业企业公平性洛伦兹曲线,详见图 4.3-1。

表 4.3-1　宜兴社渎港典型区域行业表

序号	行业类别名称 (中类)	行业 (大类)	工业总产值 (当年价格) (万元)	工业废水 排放量 (t/a)
1	热电联产	电力、热力生产和供应业	486 414	1 242 168
2	光伏设备及元器件制造		624 442	798 000
3	铅蓄电池制造	电气机械和器材制造业	730	0
4	电线、电缆制造		500 000	15 000
5	棉织造加工	纺织业(不含印染)	15 200	1 290 643

续　表

序号	行业类别名称 （中类）	行业 （大类）	工业总产值 （当年价格） （万元）	工业废水 排放量 （t/a）
6	毛染整精加工	纺织业（含印染）	19 555	506 508
7	化纤织物染整精加工		35 000	1 250 000
8	棉印染精加工		76 850	3 841 047
9	初级形态塑料及 合成树脂制造	化学原料和化学 制品制造业	60 000	19 800
10	专项化学用品制造		14 000	5 040
11	涂料制造		62 317	23 565
12	化学试剂和助剂制造		115 647	44 381
13	化学药品原料药制造		7 200	3 600
14	氮肥制造		269 018	190 118
15	无机酸制造		3 953	3 276
16	有机化学原料制造		51 153	101 524
17	工业颜料制造		70 000	900 000
18	茶饮料及其他饮料制造	酒、饮料和精制茶制造业	311 425	278 920
19	其他日用杂品制造	其他制造业	31 422	193 653
20	食品及饲料添加剂制造	食品制造业	8 225	210 000
21	包装装潢及其他印刷	印刷和记录媒介复制业	35 033	0
22	水泥制造	非金属矿物制品业	21 000	0
23	钢压延加工	黑色金属冶炼和压延加工业	38 977	0

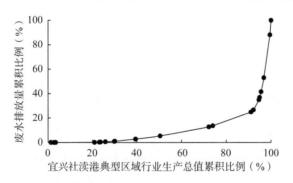

图 4.3-1　宜兴社渎港典型区域行业企业公平性洛伦兹曲线

根据曲线图应用梯形面积法计算基尼系数 G，通过计算得到各行业 $G_{\text{生产总值-废水量}}=0.79$。基尼系数过大是由行业中化工行业（专项化学用品制造、无机盐制造、化学试剂和助剂制造、氮肥制造及涂料行业）、铅蓄电池制造行业废水排放量过高导致。

4.3.1.2　重点行业筛选结果

根据《2017 年环境统计数据—工业源（太湖流域）》，得到社渎港典型区域重点企业共 59 家（除去热电联产和无废水排放行业），详见表 4.3-2。上述企业行业类别经归纳整合，按《国民经济行业分类》（GB/T 4754—2017）大类，分别为：①化学原料和化学制品制造业（化工行业）；②纺织业（包括含印染、不含印染）；③电气机械和器材制造业；④酒、饮料和精制茶制造业；⑤食品制造业；⑥其他制造业。

表 4.3-2　宜兴社渎港典型区域重点行业分布表

序号	行业类别	企业数量（家）
1	化工行业	36
2	纺织业（含印染）	14
3	纺织业（不含印染）	2
4	电气机械和器材制造业	4
5	酒、饮料和精制茶制造业	1
6	食品制造业	1
7	其他制造业	1

4.3.2　重点行业排污许可量分配方法

（1）环境效率

社渎港典型区域重点行业环境效率，可直接引用"表 4.2-4　江苏省太湖流域重点行业环境效率基准值表"，得到典型区域重点行业调整后的最终行业环境效率百分制得分，见表 4.3-3。

表 4.3-3 宜兴社渎港典型区域重点行业环境效率计算结果

典型区域	重点行业	推荐值	百分制得分
宜兴 社渎港 典型区域	化工行业	6.0	19.6
	纺织业(含印染)	2.4	7.8
	纺织业(不含印染)	3.7	12.1
	电气机械和器材制造业	24.9	81.4
	酒、饮料和精制茶制造业	1.8	5.9
	食品制造业	17.2	56.2
	其他制造业	30.6	100.0

(2)产业经济政策及行业发展规划

在社渎港典型区域采用"五点法"对该区域 6 个重点行业的产业经济政策/行业发展规划进行量化打分,考虑以下 10 个政策因素,表格中 10 个政策考虑因素的总分加合(百分制)即某一重点行业的产业经济政策及行业发展规划得分。上述 6 个重点行业的产业经济政策/行业发展规划打分情况如表 4.3-4(1)～(6)所示。

表 4.3-4(1) 化工行业产业经济政策/行业发展规划得分

序号	考虑因素	2分	4分	6分	8分	10分
1	国家产业政策调整名录要求			√		
2	江苏省工业和信息产业结构调整指导目录			√		
3	太湖流域管理条例		√			
4	区域产业准入要求			√		
5	区域主导支柱产业					√
6	落后产能/过剩产能(占比越大,得分越低)		√			
7	区域先进制造业/战略性新兴产业 (占比越大,得分越高)			√		
8	区域经济产值贡献能力				√	
9	稳定就业/促就业能力				√	
10	对产业结构调整的促进能力	√				
	合计总分			60		

表 4.3-4(2) 纺织业产业经济政策/行业发展规划得分

序号	考虑因素	2分	4分	6分	8分	10分
1	国家产业政策调整名录要求			√		
2	江苏省工业和信息产业结构调整指导目录			√		
3	太湖流域管理条例		√			
4	区域产业准入要求		√			
5	区域主导支柱产业				√	
6	落后产能/过剩产能(占比越大,得分越低)			√		
7	区域先进制造业/战略性新兴产业相符性(占比越大,得分越高)			√		
8	区域经济产值贡献能力			√		
9	稳定就业/促就业能力					√
10	对产业结构调整的促进能力			√		
	合计总分			62		

表 4.3-4(3) 电气机械和器材制造业产业经济政策/行业发展规划得分

序号	考虑因素	2分	4分	6分	8分	10分
1	国家产业政策调整名录要求					√
2	江苏省工业和信息产业结构调整指导目录					√
3	太湖流域管理条例					√
4	区域产业准入要求					√
5	区域主导支柱产业					√
6	落后产能/过剩产能(占比越大,得分越低)				√	
7	区域先进制造业/战略性新兴产业相符性(占比越大,得分越高)				√	
8	区域经济产值贡献能力					√
9	稳定就业/促就业能力				√	
10	对产业结构调整的促进能力				√	
	合计总分			92		

表 4.3-4(4)　酒、饮料和精制茶制造业产业经济政策/行业发展规划得分

序号	考虑因素	2分	4分	6分	8分	10分
1	国家产业政策调整名录要求				√	
2	江苏省工业和信息产业结构调整指导目录				√	
3	太湖流域管理条例			√		
4	区域产业准入要求			√		
5	区域主导支柱产业				√	
6	落后产能/过剩产能(占比越大,得分越低)				√	
7	区域先进制造业/战略性新兴产业 (占比越大,得分越高)			√		
8	区域经济产值贡献能力				√	
9	稳定就业/促就业能力				√	
10	对产业结构调整的促进能力			√		
合计总分		72				

表 4.3-4(5)　食品制造业产业经济政策/行业发展规划得分

序号	考虑因素	2分	4分	6分	8分	10分
1	国家产业政策调整名录要求			√		
2	江苏省工业和信息产业结构调整指导目录			√		
3	太湖流域管理条例			√		
4	区域产业准入要求			√		
5	区域主导支柱产业		√			
6	落后产能/过剩产能(占比越大,得分越低)			√		
7	区域先进制造业/战略性新兴产业相符性 (占比越大,得分越高)			√		
8	区域经济产值贡献能力		√			
9	稳定就业/促就业能力		√			
10	对产业结构调整的促进能力		√			
合计总分		52				

表 4.3-4(6)　其他制造业产业经济政策/行业发展规划得分

序号	考虑因素	2分	4分	6分	8分	10分
1	国家产业政策调整名录要求					✓
2	江苏省工业和信息产业结构调整指导目录					✓
3	太湖流域管理条例					✓
4	区域产业准入要求					✓
5	区域主导支柱产业					
6	落后产能/过剩产能(占比越大,得分越低)				✓	
7	区域先进制造业/战略性新兴产业相符性(占比越大,得分越高)			✓		
8	区域经济产值贡献能力			✓		
9	稳定就业/促就业能力				✓	
10	对产业结构调整的促进能力			✓		
	合计总分			74		

（3）污染物排放标准

社㳇港典型区域重点行业污染物排放标准得分,可直接引用"表 4.2-8　江苏省太湖流域重点行业污染物排放标准得分推荐表",各污染因子排放标准得分详见表 4.3-5。

表 4.3-5　宜兴社㳇港典型区域重点行业污染物排放标准因素评分表

序号	地区	重点行业	各因子污染物排放标准得分			
			COD	氨氮	总氮	总磷
1	宜兴社㳇港典型区域	化工行业	82.5	100.0	96.0	100.0
2		纺织业(含印染)	94.8	84.7	80.0	100.0
3		纺织业(不含印染)	84.2	84.7	78.0	100.0
4		电气机械和器材制造业	79.0	67.8	80.0	100.0
5		酒、饮料和精制茶制造业	79.0	67.8	80.0	100.0
6		食品制造业	94.8	84.7	100.0	100.0
7		其他制造业	79.0	67.8	80.0	100.0

4.3.3　重点行业污染物允许排放量分配

4.3.3.1　重点行业综合得分计算

宜兴社渎港典型区域重点行业环境效率、各层面产业经济政策和行业发展规划以及水污染物排放标准具体得分详见表 4.3-6,各重点行业可根据每项因素得分情况计算得出重点行业间各因素影响强度,如表 4.3-7(1)～(4)所示。计算得到的宜兴社渎港典型区域重点行业污染物各污染因子允许排放量最终得分详见表 4.3-6。

表 4.3-6　宜兴社渎港典型区域重点行业因素得分

因素	水污染因子	环境效率	产业经济政策及行业发展规划	污染物排放标准	综合得分
		60	30	10	100
化工行业	COD	19.6	60	82.5	38.0
	氨氮			100.0	39.8
	总氮			96.0	39.4
	总磷			100.0	39.8
纺织业（含印染）	COD	7.8	62	94.8	32.8
	氨氮			84.7	31.8
	总氮			80.0	31.3
	总磷			100.0	33.3
纺织业（不含印染）	COD	12.1	62	84.2	34.3
	氨氮			84.7	34.3
	总氮			78.0	33.7
	总磷			100.0	35.9
电气机械和器材制造业标准	COD	81.4	92	79.0	84.3
	氨氮			67.8	83.2
	总氮			80.0	84.4
	总磷			100.0	86.4
酒、饮料和精制茶制造业	COD	5.9	74	79.0	33.6
	氨氮			67.8	32.5
	总氮			80.0	33.7
	总磷			100.0	35.7

续　表

因素	水污染因子	环境效率	产业经济政策及行业发展规划	污染物排放标准	综合得分
		60	30	10	100
食品制造业	COD	56.2	52	94.8	58.8
	氨氮			84.7	57.8
	总氮			80.0	57.3
	总磷			100.0	59.3
其他制造业	COD	100.0	74	79	90.1
	氨氮			67.8	89.0
	总氮			80.0	90.2
	总磷			100.0	92.2

表 4.3-7(1)　宜兴社渎港典型区域重点行业 COD 影响因子强度

重点行业	污染因子	综合得分	影响因子强度
化工行业	COD	38.01	0.10
纺织业(含印染)		32.76	0.09
纺织业(不含印染)		34.28	0.09
电气机械和器材制造业标准		84.34	0.23
酒、饮料和精制茶制造业		33.64	0.09
食品制造业		58.80	0.16
其他制造业		90.10	0.24

表 4.3-7(2)　宜兴社渎港典型区域重点行业氨氮影响因子强度

重点行业	污染因子	综合得分	影响因子强度
化工行业	氨氮	39.76	0.11
纺织业(含印染)		31.75	0.09
纺织业(不含印染)		34.33	0.09
电气机械和器材制造业标准		83.22	0.23
酒、饮料和精制茶制造业		32.52	0.09
食品制造业		57.79	0.16
其他制造业		88.98	0.24

表 4.3-7(3)　宜兴社渎港典型区域重点行业总氮影响因子强度

重点行业	污染因子	综合得分	影响因子强度
化工行业	总氮	39.36	0.11
纺织业（含印染）		31.28	0.08
纺织业（不含印染）		33.66	0.09
电气机械和器材制造业标准		84.44	0.23
酒、饮料和精制茶制造业		33.74	0.09
食品制造业		57.32	0.15
其他制造业		90.20	0.24

表 4.3-7(4)　宜兴社渎港典型区域重点行业总磷影响因子强度

重点行业	污染因子	综合得分	影响因子强度
化工行业	总磷	39.76	0.10
纺织业（含印染）		33.28	0.09
纺织业（不含印染）		35.86	0.09
电气机械和器材制造业标准		86.44	0.23
酒、饮料和精制茶制造业		35.74	0.09
食品制造业		59.32	0.16
其他制造业		92.20	0.24

4.3.3.2　综合系数法下的允许排放量分配

经过前期宜兴社渎港典型区域精细化水环境模型计算,得到评价区域实际水环境容量中工业源可分配污染物——COD 632.70 t/a、氨氮 16.30 t/a、总氮 153.72 t/a、总磷 2.83 t/a。根据环统数据,可计算得到重点行业 COD、氨氮、总氮、总磷现状排放量分别占典型区域现状排放的 56%、76%、48% 和 51%,重点行业可分配污染物按重点行业与全行业排污比值计算可得,社渎港典型区域重点行业可分配污染物——COD 354.31 t/a、氨氮 12.39 t/a、总氮 73.79 t/a、总磷 1.44 t/a。

采用综合系数法对宜兴社渎港典型区域重点行业污染物允许排放量进行分配,综合系数法以典型区域重点行业污染物排放现状为基础,以各重点行业综合得分为调整系数,对重点行业污染物允许排放量进行分配。

　　通过与 2020 年社渎港典型区域排污许可数据进行核对,修正该区域重点行业水污染物现状排放量,宜兴社渎港典型区域重点行业污染物现状排放情况如表 4.3-8 所示,各重点行业水污染物允许排放量分配如表 4.3-9～表 4.3-12 所示。宜兴社渎港典型区域重点行业水污染允许排放量详见表 4.3-13 和图 4.3-2。

表 4.3-8　宜兴社渎港典型区域重点行业水污染物现状排放量占比情况①

序号	地区	重点行业	重点行业现状排放量(t/a)				各重点行业现状占比系数			
			COD	氨氮	总氮	总磷	COD	氨氮	总氮	总磷
1	宜兴社渎港典型区域	化工行业	62.799	1.323	11.483	0.093	0.14	0.08	0.13	0.05
2		纺织业(含印染)	278.793	12.460	57.549	1.350	0.63	0.77	0.66	0.76
3		纺织业(不含印染)	48.855	1.763	4.056	0.204	0.11	0.11	0.05	0.12
4		电气机械和器材制造业	29.931	0.262	7.771	0.057	0.07	0.02	0.09	0.03
5		酒、饮料和精制茶制造业	9.147	0.199	1.913	0.043	0.02	0.01	0.02	0.02
6		食品制造业	5.439	0.059	1.369	0.000	0.01	0.00	0.02	0.00
7		其他制造业	7.091	0.074	2.614	0.023	0.02	0.00	0.03	0.01
典型区域水污染物总计			442.06	16.14	86.76	1.77	1	1	1	1

表 4.3-9　宜兴社渎港典型区域重点行业 COD 允许排放量

序号	重点行业	COD 现状占比	得分因子强度	分配系数	各重点行业 COD 允许排放量(t/a)
1	化工行业	0.14	0.10	0.13	46.097
2	纺织业(含印染)	0.63	0.09	0.47	165.781
3	纺织业(不含印染)	0.11	0.09	0.11	37.207
4	电气机械和器材制造业	0.07	0.23	0.12	40.896
5	酒、饮料和精制茶制造业	0.02	0.09	0.04	14.746
6	食品制造业	0.01	0.16	0.06	19.856
7	其他制造业	0.02	0.24	0.08	29.728
总计		1	1	1	354.31

———————

①注:因"四舍五入",全书表格中数据会略有出入。

表 4.3-10　宜兴社渎港典型区域重点行业氨氮允许排放量

序号	重点行业	氨氮现状占比	得分因子强度	分配系数	各重点行业氨氮允许排放量(t/a)
1	化工行业	0.082	0.11	0.09	1.112
2	纺织业(含印染)	0.772	0.09	0.57	7.016
3	纺织业(不含印染)	0.109	0.09	0.10	1.294
4	电气机械和器材制造业	0.016	0.23	0.08	0.981
5	酒、饮料和精制茶制造业	0.012	0.09	0.04	0.435
6	食品制造业	0.004	0.16	0.05	0.615
7	其他制造业	0.005	0.24	0.08	0.937
	总计	1	1	1	12.39

表 4.3-11　宜兴社渎港典型区域重点行业总氮允许排放量

序号	重点行业	总氮现状占比	得分因子强度	分配系数	各重点行业总氮允许排放量(t/a)
1	化工行业	0.13	0.13	0.11	7.850
2	纺织业(含印染)	0.66	0.66	0.08	6.238
3	纺织业(不含印染)	0.05	0.05	0.09	6.713
4	电气机械和器材制造业	0.09	0.09	0.23	16.840
5	酒、饮料和精制茶制造业	0.02	0.02	0.09	6.729
6	食品制造业	0.02	0.02	0.15	11.431
7	其他制造业	0.03	0.03	0.24	17.989
	总计	1	1	1	73.79

表 4.3-12　宜兴社渎港典型区域重点行业总磷允许排放量

序号	重点行业	总磷现状占比	得分因子强度	分配系数	各重点行业总磷允许排放量(t/a)
1	化工行业	0.05	0.10	0.07	0.098
2	纺织业(含印染)	0.76	0.09	0.56	0.806
3	纺织业(不含印染)	0.12	0.09	0.11	0.157
4	电气机械和器材制造业	0.03	0.23	0.09	0.130
5	酒、饮料和精制茶制造业	0.02	0.09	0.04	0.065
6	食品制造业	0.00	0.16	0.05	0.067
7	其他制造业	0.01	0.24	0.08	0.117
	总计	1	1	1	1.44

表 4.3-13　宜兴社渎港典型区域重点行业水污染允许排放量

单位：t/a

序号	地区	重点行业	重点行业现状排放量				重点行业削减量				重点行业允许排放量			
			COD	氨氮	总氮	总磷	COD	氨氮	总氮	总磷	COD	氨氮	总氮	总磷
1	宜兴社渎港典型区域	化工行业	62.799 3	1.322 8	11.482 7	0.093 2	16.703	2.291	3.633	−0.005	46.097	1.112	9.192	0.098
2		纺织业（含印染）	278.792 9	12.459 9	57.549 3	1.349 9	113.012	21.414	51.311	0.544	165.781	7.016	36.135	0.806
3		纺织业（不含印染）	48.854 8	1.762 9	4.056 0	0.204 4	11.648	−0.373	−2.657	0.048	37.207	1.294	4.429	0.157
4		电气机械和器材制造业	29.931 0	0.262 4	7.771 2	0.057 3	−10.965	−1.908	−9.069	−0.073	40.896	0.981	9.679	0.130
5		酒、饮料和精制茶制造业	9.146 6	0.198 9	1.913 4	0.042 7	−5.599	−1.244	−4.815	−0.022	14.746	0.435	3.158	0.065
6		食品制造业	5.439 0	0.059 2	1.369 0	0.000 0	−14.417	−2.876	−10.062	−0.067	19.856	0.615	4.245	0.067
7		其他制造业	7.090 8	0.073 6	2.614 3	0.023 2	−22.637	−4.339	−15.375	−0.094	29.728	0.937	6.953	0.117
	典型区域水污染物总计		442.05	16.14	86.76	1.77	87.75	12.97	12.97	0.33	354.31	12.39	73.79	1.44

注：宜兴社渎港典型区域 COD、氨氮、总氮、总磷现状排放量分别为 788.0 t/a、21.3 t/a、182.3 t/a、3.4 t/a。重点行业现状排放量 COD、氨氮、总氮、总磷分别占典型区域现状排放量的 56%、76%、48% 和 51%。

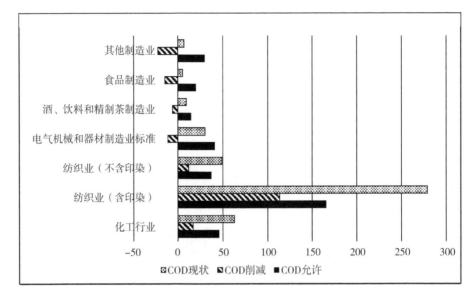

a. 宜兴社渎港小流域重点行业 COD 允许排放量（单位：t/a）

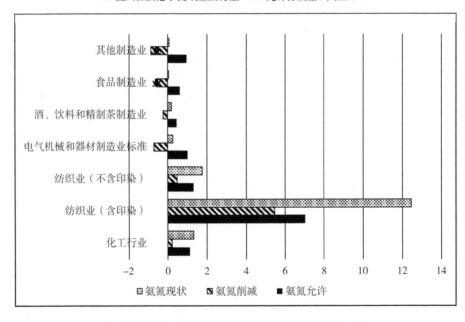

b. 宜兴社渎港小流域重点行业氨氮允许排放量（单位：t/a）

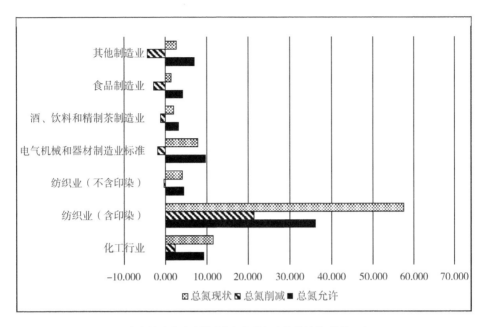

c. 宜兴社渎港小流域重点行业总氮允许排放量（单位：t/a）

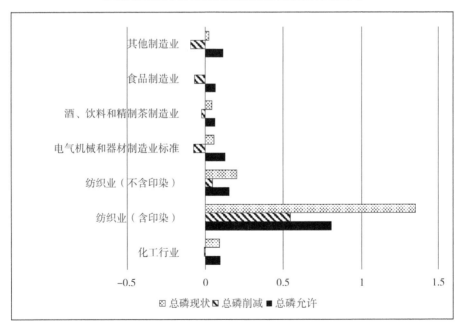

d. 宜兴社渎港小流域重点行业总磷允许排放量（单位：t/a）

图 4.3-2　宜兴社渎港典型区域重点行业污染物允许排放量和削减量情况

由表4.3-13可知,该方法以宜兴社渎港典型区域重点行业污染物排放现状为基础,以各重点行业综合得分为调整系数,对重点行业污染物允许排放量进行分配。最终各重点行业污染物允许排放量＝各重点行业分配系数×重点行业允许排放量(分配系数由综合得分和各重点行业污染物现状占比决定)。电气机械和器材制造业,酒、饮料和精制茶制造业,食品制造业和其他制造业各水污染因子削减量为负值,说明赋予这四个行业的污染物允许排放量高于现状排放量,应鼓励上述行业进一步扩大发展空间,促进区域产业升级,淘汰落后行业,改善区域水环境质量。

4.3.4 分配前后典型区域重点行业公平性评价

宜兴市社渎港典型区域各重点行业污染物允许排放量分配后,得到的各行业工业产值-污染物排放量(COD、氨氮、总氮和总磷)基尼系数变化情况如表4.3-14和图4.3-3所示。重点行业分配后的基尼系数比分配前减小,说明该区域重点行业分配后的水污染物允许排放量分配公平性获得提升。

表 4.3-14　宜兴社渎港典型区域重点行业分配前后基尼系数变化情况

	基尼系数			
	$G_{工业产值-COD}$	$G_{工业产值-氨氮}$	$G_{工业产值-总氮}$	$G_{工业产值-总磷}$
重点行业分配前	0.77	0.87	0.74	0.86
重点行业分配后	0.67	0.75	0.57	0.74
基尼系数变化值	0.10	0.12	0.17	0.12

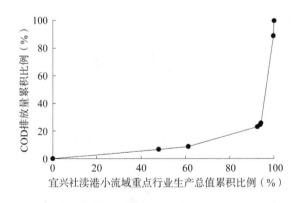

图 4.3-3(1)　宜兴社渎港典型区域重点行业分配前工业产值-COD 基尼系数

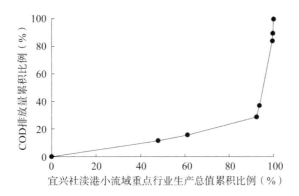

图 4.3-3(2)　宜兴社渎港典型区域重点行业分配后工业产值-COD 基尼系数

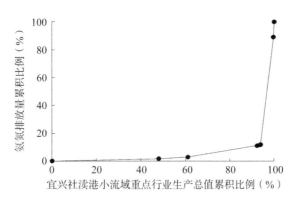

图 4.3-3(3)　宜兴社渎港典型区域重点行业分配前工业产值-氨氮基尼系数

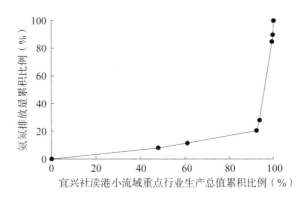

图 4.3-3(4)　宜兴社渎港典型区域重点行业分配后工业产值-氨氮基尼系数

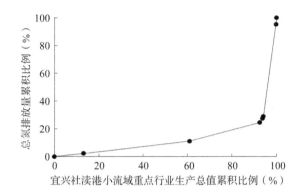

图 4.3-3(5)　宜兴社渎港典型区域重点行业分配前工业产值-总氮基尼系数

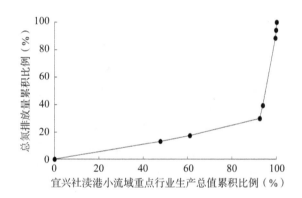

图 4.3-3(6)　宜兴社渎港典型区域重点行业分配后工业产值-总氮基尼系数

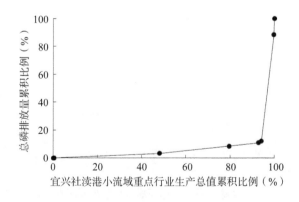

图 4.3-3(7)　宜兴社渎港典型区域重点行业分配前工业产值-总磷基尼系数

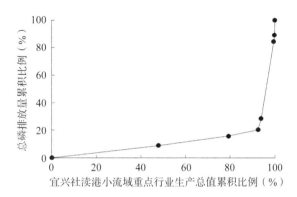

图 4.3-3(8) 宜兴社渎港典型区域重点行业分配后工业产值-总磷基尼系数

4.4 基于水质目标的武进太滆运河典型区域重点行业污染物允许排放量分配研究

4.4.1 重点行业筛选

4.4.1.1 行业公平性评价

经过前期对典型区域河流和污染源的分析,筛选出武进区工业占比较大且为主要入湖河流的太滆运河,经分析发现在太滆运河汇水范围内,武进国家高新技术产业开发区位于该典型区域内,结合水生态功能分区划分结果,确定武进太滆运河典型区域范围为武进国家高新技术产业开发区、南夏墅街道、前黄镇和雪堰镇。利用《2017 年环境统计数据-工业源(太湖流域)》以及 2019 年 8 月—10月现场调查获取的该流域重点企业问卷信息,收集到典型区域内 90 家企业2017 年度工业生产总值和废水排放量数据,根据行业进行分类(详见表 4.4-1),并以太滆运河典型区域行业企业工业总产值为评估指标、工业产值的累积比例作为横坐标、行业企业废水排放量的累积比例作为纵坐标,以各行业企业工业生产总值-废水排放量绘制太滆运河典型区域行业企业公平性洛伦兹曲线,详见图4.4-1。

表 4.4-1 武进太滆运河典型区域企业行业分类汇总表

序号	行业大类	工业总产值 (当年价格)(万元)	工业废水排放量 (t/a)
1	专用设备制造业	279 367	42 599
2	医药制造业	8 000	109 700

续　表

序号	行业大类	工业总产值 （当年价格)(万元）	工业废水排放量 （t/a）
3	橡胶和塑料制品业	34 841	21 488
4	通用设备制造业	366 076	67 325
5	铁路、船舶、航空航天和其他运输设备 制造业	207 074	160 900
6	食品制造业	420.001	312 700
7	汽车制造业	81 163	25 603
8	农副食品加工业	6 170	7 200
9	金属制品业	176 654	806 018
10	计算机、通信和其他电子设备制造业	742 813	836 498
11	化工行业	14 100	1 400
12	纺织业(含印染)	9 200	24 600
13	纺织业(不含印染)	39 365	552 900
14	电气机械和器材制造业	182 602	794 573

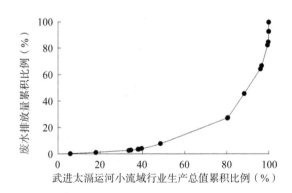

图 4.4-1　武进太滆运河典型区域行业企业公平性洛伦兹曲线

　　根据曲线图应用梯形面积法计算基尼系数，通过计算得到各行业企业生产总值-废水排放量的基尼系数为 0.66。基尼系数过大是由行业中食品制造业、其他制造业、纺织行业、医药制造业、化学原料和化学品制造业废水排放量过高导致。

4.4.1.2　重点行业筛选结果

根据《2017年环境统计数据—工业源(太湖流域)》,得到武进太滆运河典型区域重点企业共70家,详见表4.4-2。上述企业行业类别经归纳整合,按《国民经济行业分类》(GB/T 4754—2017)大类,分别为:① 专用设备制造业(3家);② 医药制造业(2家);③ 橡胶和塑料制品业(2家);④ 通用设备制造业(9家);⑤ 铁路、船舶、航空航天和其他运输设备制造业(2家);⑥ 食品制造业(2家);⑦ 汽车制造业(2家);⑧ 农副食品加工业(2家);⑨ 金属制品业(25家);⑩ 计算机、通信和其他电子设备制造业(7家);⑪ 化学原料和化学品制造业(化工行业)(3家);⑫ 纺织业(含印染1家、不含印染5家);⑬ 电气机械和器材制造业(5家)。

表 4.4-2　武进太滆运河典型区域重点行业分布表

序号	行业类别	企业数量(家)
1	专用设备制造业	3
2	医药制造业	2
3	橡胶和塑料制品业	2
4	通用设备制造业	9
5	铁路、船舶、航空航天和其他运输设备制造业	2
6	食品制造业	2
7	汽车制造业	2
8	农副食品加工业	2
9	金属制品业	25
10	计算机、通信和其他电子设备制造业	7
11	化工行业	3
12	纺织业(含印染)	1
13	纺织业(不含印染)	5
14	电气机械和器材制造业	5

4.4.2　重点行业排污许可量分配方法

(1) 环境效率

武进太滆运河典型区域重点行业环境效率,可直接引用"表 4.2-4　江苏省太湖流域重点行业环境效率基准值表",得到典型区域重点行业调整后的最终行业百分制环境效率得分,见表 4.4-3。

表 4.4-3　武进太滆运河典型区域重点行业环境效率计算结果

典型区域	重点行业	推荐值	百分制得分
武进太滆运河典型区域	农副食品加工业	36.8	37.90
	食品制造业	17.2	17.71
	纺织业(含印染)	2.4	2.47
	纺织业(不含印染)	3.7	3.81
	化工行业	6.0	6.18
	医药制造业	9.5	9.78
	橡胶和塑料制品业	96.7	99.59
	金属制品业	9.8	10.09
	通用设备制造业	92.3	95.06
	专用设备制造业	16.9	17.40
	汽车制造业	97.1	100.00
	计算机、通信和其他电子设备制造业	13.0	13.39
	电气机械和器材制造业	24.9	25.64
	铁路、船舶、航空航天和其他运输设备制造业	26.2	26.98

(2) 产业经济政策及行业发展规划

采用"五点法"对该区域 13 个重点行业的产业经济政策/行业发展规划进行量化打分,考虑以下 10 个政策因素,表格中 10 个政策考虑因素的总分加合(百分制)即某一重点行业的产业经济政策及行业发展规划得分。上述 13 个重点行业的产业经济政策/行业发展规划打分表如表 4.4-4(1)～(13)所示。

表 4.4-4(1)　农副食品加工业产业经济政策/行业发展规划得分

序号	考虑因素	2分	4分	6分	8分	10分
1	国家产业政策调整名录要求			√		
2	江苏省工业和信息产业结构调整指导目录			√		
3	太湖流域管理条例		√			
4	区域产业准入要求			√		
5	区域主导支柱产业	√				
6	落后产能/过剩产能(占比越大,得分越低)	√				
7	区域先进制造业/战略性新兴产业 (占比越大,得分越高)	√				
8	区域经济产值贡献能力	√				
9	稳定就业/促就业能力					
10	对产业结构调整的促进能力	√				
合计总分				34		

表 4.4-4(2)　食品制造业产业经济政策/行业发展规划得分

序号	考虑因素	2分	4分	6分	8分	10分
1	国家产业政策调整名录要求			√		
2	江苏省工业和信息产业结构调整指导目录			√		
3	太湖流域管理条例		√			
4	区域产业准入要求			√		
5	区域主导支柱产业		√			
6	落后产能/过剩产能(占比越大,得分越低)			√		
7	区域先进制造业/战略性新兴产业 (占比越大,得分越高)		√			
8	区域经济产值贡献能力		√			
9	稳定就业/促就业能力		√			
10	对产业结构调整的促进能力	√				
合计总分				46		

表 4.4-4(3) 纺织业产业经济政策/行业发展规划得分

序号	考虑因素	2分	4分	6分	8分	10分
1	国家产业政策调整名录要求			√		
2	江苏省工业和信息产业结构调整指导目录			√		
3	太湖流域管理条例		√			
4	区域产业准入要求		√			
5	区域主导支柱产业				√	
6	落后产能/过剩产能(占比越大,得分越低)			√		
7	区域先进制造业/战略性新兴产业相符性(占比越大,得分越高)		√			
8	区域经济产值贡献能力		√			
9	稳定就业/促就业能力					√
10	对产业结构调整的促进能力			√		
合计总分				58		

表 4.4-4(4) 化工行业产业经济政策/行业发展规划得分

序号	考虑因素	2分	4分	6分	8分	10分
1	国家产业政策调整名录要求			√		
2	江苏省工业和信息产业结构调整指导目录			√		
3	太湖流域管理条例	√				
4	区域产业准入要求		√			
5	区域主导支柱产业			√		
6	落后产能/过剩产能相符性(占比越大,得分越低)		√			
7	区域先进制造业/战略性新兴产业相符性(占比越大,得分越高)	√				
8	区域经济产值贡献能力		√			
9	稳定就业/促就业能力		√			
10	对产业结构调整的促进能力		√			
合计总分				42		

表 4.4-4(5)　医药制造业产业经济政策/行业发展规划得分

序号	考虑因素	2分	4分	6分	8分	10分
1	国家产业政策调整名录要求			√		
2	江苏省工业和信息产业结构调整指导目录			√		
3	太湖流域管理条例	√				
4	区域产业准入要求			√		
5	区域主导支柱产业	√				
6	落后产能/过剩产能相符性 （占比越大,得分越低）			√		
7	区域先进制造业/战略性新兴产业 （占比越大,得分越高）			√		
8	区域经济产值贡献能力	√				
9	稳定就业/促就业能力			√		
10	对产业结构调整的促进能力			√		
合计总分		48				

表 4.4-4(6)　橡胶和塑料制品业产业经济政策/行业发展规划得分

序号	考虑因素	2分	4分	6分	8分	10分
1	国家产业政策调整名录要求		√			
2	江苏省工业和信息产业结构调整指导目录		√			
3	太湖流域管理条例	√				
4	区域产业准入要求			√		
5	区域主导支柱产业		√			
6	落后产能/过剩产能(占比越大,得分越低)		√			
7	区域先进制造业/战略性新兴产业 （占比越大,得分越高）	√				
8	区域经济产值贡献能力		√			
9	稳定就业/促就业能力	√				
10	对产业结构调整的促进能力	√				
合计总分		34				

表 4.4-4(7)　金属制品业产业经济政策/行业发展规划得分

序号	考虑因素	2分	4分	6分	8分	10分
1	国家产业政策调整名录要求			√		
2	江苏省工业和信息产业结构调整指导目录			√		
3	太湖流域管理条例		√			
4	区域产业准入要求		√			
5	区域主导支柱产业				√	
6	落后产能/过剩产能(占比越大,得分越低)			√		
7	区域先进制造业/战略性新兴产业相符性(占比越大,得分越高)			√		
8	区域经济产值贡献能力			√		
9	稳定就业/促就业能力				√	
10	对产业结构调整的促进能力		√			
合计总分				58		

表 4.4-4(8)　通用设备制造业产业经济政策/行业发展规划得分

序号	考虑因素	2分	4分	6分	8分	10分
1	国家产业政策调整名录要求					√
2	江苏省工业和信息产业结构调整指导目录					√
3	太湖流域管理条例					√
4	区域产业准入要求					√
5	区域主导支柱产业				√	
6	落后产能/过剩产能(占比越大,得分越低)					
7	区域先进制造业/战略性新兴产业相符性(占比越大,得分越高)			√		
8	区域经济产值贡献能力				√	
9	稳定就业/促就业能力				√	
10	对产业结构调整的促进能力			√		
合计总分				76		

表 4.4-4(9) 专用设备制造业产业经济政策/行业发展规划得分

序号	考虑因素	2分	4分	6分	8分	10分
1	国家产业政策调整名录要求					√
2	江苏省工业和信息产业结构调整指导目录					√
3	太湖流域管理条例					√
4	区域产业准入要求					√
5	区域主导支柱产业				√	
6	落后产能/过剩产能(占比越大,得分越低)					
7	区域先进制造业/战略性新兴产业相符性(占比越大,得分越高)			√		
8	区域经济产值贡献能力				√	
9	稳定就业/促就业能力				√	
10	对产业结构调整的促进能力			√		
合计总分				76		

表 4.4-4(10) 汽车制造业产业经济政策/行业发展规划得分

序号	考虑因素	2分	4分	6分	8分	10分
1	国家产业政策调整名录要求					√
2	江苏省工业和信息产业结构调整指导目录					√
3	太湖流域管理条例					√
4	区域产业准入要求					√
5	区域主导支柱产业				√	
6	落后产能/过剩产能(占比越大,得分越低)					
7	区域先进制造业/战略性新兴产业相符性(占比越大,得分越高)			√		
8	区域经济产值贡献能力			√		
9	稳定就业/促就业能力				√	
10	对产业结构调整的促进能力			√		
合计总分				74		

表 4.4-4(11)　计算机、通信和其他电子设备制造业产业经济政策/行业发展规划得分

序号	考虑因素	2分	4分	6分	8分	10分
1	国家产业政策调整名录要求					✓
2	江苏省工业和信息产业结构调整指导目录					✓
3	太湖流域管理条例					✓
4	区域产业准入要求					✓
5	区域主导支柱产业				✓	
6	落后产能/过剩产能(占比越大,得分越低)					✓
7	区域先进制造业/战略性新兴产业 (占比越大,得分越高)					✓
8	区域经济产值贡献能力					✓
9	稳定就业/促就业能力			✓		
10	对产业结构调整的促进能力					✓
	合计总分			94		

表 4.4-4(12)　电气机械和器材制造业产业经济政策/行业发展规划得分

序号	考虑因素	2分	4分	6分	8分	10分
1	国家产业政策调整名录要求					✓
2	江苏省工业和信息产业结构调整指导目录					✓
3	太湖流域管理条例					✓
4	区域产业准入要求					✓
5	区域主导支柱产业					✓
6	落后产能/过剩产能相符性 (占比越大,得分越低)				✓	
7	区域先进制造业/战略性新兴产业 (占比越大,得分越高)			✓		
8	区域经济产值贡献能力				✓	
9	稳定就业/促就业能力				✓	
10	对产业结构调整的促进能力				✓	
	合计总分			88		

表 4.4-4(13)　铁路、船舶、航空航天和其他运输设备制造业产业经济政策/行业发展规划得分

序号	考虑因素	2分	4分	6分	8分	10分
1	国家产业政策调整名录要求					√
2	江苏省工业和信息产业结构调整指导目录					√
3	太湖流域管理条例					√
4	区域产业准入要求					√
5	区域主导支柱产业					√
6	落后产能/过剩产能相符性 （占比越大,得分越低）					√
7	区域先进制造业/战略性新兴产业 （占比越大,得分越高）					√
8	区域经济产值贡献能力					√
9	稳定就业/促就业能力				√	
10	对产业结构调整的促进能力					√
合计总分				98		

（3）污染物排放标准

武进太滆运河典型区域重点行业污染物排放标准得分,可直接引用"表 4.2-8　江苏省太湖流域重点行业污染物排放标准得分推荐表",各污染因子排放标准得分详见表 4.4-5。

表 4.4-5　武进太滆运河典型区域重点行业污染物排放标准因素评分表

序号	地区	重点行业	各因子污染物排放标准得分			
			COD	氨氮	总氮	总磷
1	武进区太滆运河	农副食品加工业	79.0	67.8	80.0	100.0
2		食品制造业	94.8	84.7	100.0	100.0
3		纺织业（含印染）	94.8	84.7	80.0	100.0
4		纺织业（不含印染）	84.2	84.7	78.0	100.0
5		化工行业	82.5	100.0	96.0	100.0
6		医药制造业	79.0	67.8	80.0	100.0
7		橡胶和塑料制品业	79.0	67.8	80.0	100.0
8		金属制品业	79.0	84.7	100.0	100.0

序号	地区	重点行业	各因子污染物排放标准得分			
			COD	氨氮	总氮	总磷
9	武进区太滆运河	通用设备制造业	79.0	67.8	80.0	100.0
10		专用设备制造业	79.0	67.8	80.0	100.0
11		汽车制造业	79.0	67.8	80.0	100.0
12		计算机、通信和其他电子设备制造业	79.0	67.8	80.0	100.0
13		电气机械和器材制造业	79.0	67.8	80.0	100.0
14		铁路、船舶、航空航天和其他运输设备制造业	79.0	67.8	80.0	100.0

4.4.3 重点行业污染物允许排放量分配

4.4.3.1 重点行业综合得分计算

重点行业环境效率、各层面产业经济政策和行业发展规划以及水污染物排放标准具体得分详见表 4.4-6,各重点行业可根据每项因素得分情况计算得出重点行业间各因素影响强度,如表 4.4-7(1)～(4)所示。计算得到的武进太滆运河典型区域重点行业污染物各污染因子允许排放量最终得分详见表 4.4-6。

表 4.4-6 武进太滆运河典型区域重点行业因素得分

因素	水污染因子	环境效率	产业经济政策及行业发展规划	污染物排放标准	综合得分
		60	30	10	100
农副食品加工业	COD	36.8	34	79.0	40.2
	氨氮			67.8	39.1
	总氮			80.0	40.3
	总磷			100.0	42.3
食品制造业	COD	17.2	46	94.8	33.6
	氨氮			84.7	32.6
	总氮			100.0	34.1
	总磷			100.0	34.1

续　表

因素	水污染因子	环境效率	产业经济政策及行业发展规划	污染物排放标准	综合得分
		60	30	10	100
纺织业（含印染）	COD	2.4	64	94.8	30.1
	氨氮			84.7	29.1
	总氮			80.0	28.6
	总磷			100.0	30.6
纺织业（不含印染）	COD	3.7	64	84.2	29.8
	氨氮			84.7	29.9
	总氮			78.0	29.2
	总磷			100.0	31.4
化工行业	COD	6.0	42	82.5	24.5
	氨氮			100.0	26.2
	总氮			96.0	25.8
	总磷			100.0	26.2
医药制造业	COD	9.5	48	79.0	28.0
	氨氮			67.8	26.9
	总氮			80.0	28.1
	总磷			100.0	30.1
橡胶和塑料制品业	COD	96.7	33	79.0	75.8
	氨氮			67.8	74.7
	总氮			80.0	75.9
	总磷			100.0	77.9
金属制品业	COD	9.8	58	79.0	31.2
	氨氮			84.7	31.8
	总氮			100.0	33.3
	总磷			100.0	33.3

续　表

因素	水污染因子	环境效率	产业经济政策及行业发展规划	污染物排放标准	综合得分
		60	30	10	100
通用设备制造业	COD	92.3	76	79.0	86.1
	氨氮			67.8	85.0
	总氮			80.0	86.2
	总磷			100.0	88.2
专用设备制造业	COD	16.9	76	79.0	40.8
	氨氮			67.8	39.7
	总氮			80.0	40.9
	总磷			100.0	42.9
汽车制造业	COD	97.1	74	79.0	88.4
	氨氮			67.8	87.2
	总氮			80.0	88.5
	总磷			100.0	90.5
计算机、通信和其他电子设备制造业	COD	13.0	94	79.0	43.9
	氨氮			67.8	42.8
	总氮			80.0	44.0
	总磷			100.0	46.0
电气机械和器材制造业	COD	24.9	72	79.0	44.4
	氨氮			67.8	43.3
	总氮			80.0	44.5
	总磷			100.0	46.5
铁路、船舶、航空航天和其他运输设备制造业	COD	26.2	98	79.0	53.0
	氨氮			67.8	51.9
	总氮			80.0	53.1
	总磷			100.0	55.1

表 4.4-7(1)　武进太滆运河典型区域重点行业 COD 影响因子强度

重点行业	污染因子	综合得分	影响因子强度
农副食品加工业	COD	40.18	0.06
食品制造业		33.60	0.05
纺织业(含印染)		30.12	0.05
纺织业(不含印染)		29.84	0.05
化工行业		24.45	0.04
医药制造业		28.00	0.04
橡胶和塑料制品业		75.82	0.12
金属制品业		31.18	0.05
通用设备制造业		86.08	0.13
专用设备制造业		40.84	0.06
汽车制造业		88.36	0.14
计算机、通信和其他电子设备制造业		43.90	0.07
电气机械和器材制造业		44.44	0.07
铁路、船舶、航空航天和其他运输设备制造业		53.02	0.08

表 4.4-7(2)　武进太滆运河典型区域重点行业氨氮影响因子强度

重点行业	污染因子	综合得分	影响因子强度
农副食品加工业	氨氮	39.06	0.06
食品制造业		32.59	0.05
纺织业(含印染)		29.11	0.05
纺织业(不含印染)		29.89	0.05
化工行业		26.20	0.04
医药制造业		26.88	0.04
橡胶和塑料制品业		74.70	0.12
金属制品业		31.75	0.05
通用设备制造业		84.96	0.13

续　表

重点行业	污染因子	综合得分	影响因子强度
专用设备制造业	氨氮	39.72	0.06
汽车制造业		87.24	0.14
计算机、通信和其他电子设备制造业		42.78	0.07
电气机械和器材制造业		43.32	0.07
铁路、船舶、航空航天和其他运输设备制造业		51.90	0.08

表 4.4-7(3)　武进太滆运河典型区域重点行业总氮影响因子强度

重点行业	污染因子	综合得分	影响因子强度
农副食品加工业	总氮	40.28	0.06
食品制造业		34.12	0.05
纺织业(含印染)		28.64	0.04
纺织业(不含印染)		29.22	0.04
化工行业		25.80	0.04
医药制造业		28.10	0.04
橡胶和塑料制品业		75.92	0.12
金属制品业		33.28	0.05
通用设备制造业		86.18	0.13
专用设备制造业		40.94	0.06
汽车制造业		88.46	0.14
计算机、通信和其他电子设备制造业		44.00	0.07
电气机械和器材制造业		44.54	0.07
铁路、船舶、航空航天和其他运输设备制造业		53.12	0.08

表 4.4-7(4)　武进太滆运河典型区域重点行业总磷影响因子强度

重点行业	污染因子	综合得分	影响因子强度
农副食品加工业		42.28	0.06
食品制造业		34.12	0.05
纺织业(含印染)		30.64	0.05
纺织业(不含印染)		31.42	0.05
化工行业		26.20	0.04
医药制造业		30.10	0.04
橡胶和塑料制品业		77.92	0.12
金属制品业	总磷	33.28	0.05
通用设备制造业		88.18	0.13
专用设备制造业		42.94	0.06
汽车制造业		90.46	0.13
计算机、通信和其他电子设备制造业		46.00	0.07
电气机械和器材制造业		46.54	0.07
铁路、船舶、航空航天和其他运输设备制造业		55.12	0.08

4.4.3.2　综合系数法下的允许排放量分配

经过前期武进太滆运河典型区域精细化水环境模型计算,得到评价区域实际水环境容量中工业源可分配污染物——COD 260.6 t/a、氨氮 22.4 t/a、总氮 68.7 t/a、总磷 2.4 t/a。根据环统数据,可计算得到重点行业 COD、氨氮、总氮、总磷现状排放量分别占武进太滆运河典型区域现状排放量的 70%、61%、49%和83%,重点行业可分配污染物按重点行业与全行业排污比值计算可得,武进重点行业可分配污染物——COD 182.42 t/a、氨氮 13.66 t/a、总氮 33.66 t/a、总磷 1.99 t/a。

采用综合系数法对武进太滆运河典型区域重点行业污染物允许排放量进行分配,综合系数法以区域重点行业污染物排放现状为基础,以各重点行业综合得分为调整系数,对重点行业污染物允许排放量进行分配。

通过与 2020 年太滆运河典型区域排污许可数据进行核对,修正该区域重点行业水污染物现状排放量,武进太滆运河典型区域重点行业污染物现状排放情况如表 4.4-8 所示,各重点行业水污染物允许排放量分配如表 4.4-9～表 4.4-12 所示。武进太滆运河典型区域重点行业水污染允许排放量详见表 4.4-13。

表 4.4-8　武进太滆运河典型区域重点行业水污染物现状排放量占比情况

序号	重点行业	重点行业现状排放量(t/a)				各重点行业现状占比系数			
		COD	氨氮	总氮	总磷	COD	氨氮	总氮	总磷
1	农副食品加工业	0.43	0.04	0.11	0.004	0.001 6	0.001 9	0.002 3	0.001 5
2	食品制造业	5.70	0.01	0.01	0.001	0.021 8	0.000 5	0.000 2	0.000 4
3	纺织业(含印染)	1.23	0.12	0.37	0.012	0.004 7	0.005 8	0.007 8	0.004 4
4	纺织业(不含印染)	32.59	1.50	2.77	0.277	0.124 6	0.072 7	0.058 3	0.100 8
5	化工行业	0.07	0.01	0.02	0.001	0.000 3	0.000 5	0.000 4	0.000 4
6	医药制造业	5.49	0.55	1.64	0.055	0.021 0	0.026 6	0.034 5	0.020 0
7	橡胶和塑料制品业	1.07	0.11	0.32	0.011	0.004 1	0.005 3	0.006 7	0.004 0
8	金属制品业	45.07	3.98	11.01	0.414	0.172 3	0.192 8	0.231 7	0.150 6
9	通用设备制造业	3.72	0.34	0.95	0.034	0.014 2	0.016 5	0.020 0	0.012 4
10	专用设备制造业	2.15	0.21	0.63	0.021	0.008 2	0.010 2	0.013 3	0.007 6
11	汽车制造业	1.28	0.13	0.38	0.013	0.004 9	0.006 3	0.008 0	0.004 7
12	计算机、通信和其他电子设备制造业	112.53	8.80	15.39	1.403	0.430 3	0.426 4	0.323 9	0.510 4
13	电气机械和器材制造业	42.13	4.04	11.50	0.423	0.161 1	0.195 7	0.242 1	0.153 9
14	铁路、船舶、航空航天和其他运输设备制造业	8.05	0.80	2.41	0.080	0.030 8	0.038 8	0.050 7	0.029 1
	典型区域水污染物总计	261.51	20.64	47.51	2.75	1	1	1	1

表 4.4-9　武进太滆运河典型区域重点行业 COD 允许排放量

序号	重点行业	COD 现状占比	得分因子强度	分配系数	各重点行业COD 允许排放量(t/a)
1	农副食品加工业	0.002	0.06	0.02	3.594
2	食品制造业	0.022	0.05	0.03	5.613
3	纺织业（含印染）	0.005	0.05	0.02	3.137
4	纺织业（不含印染）	0.125	0.05	0.10	18.427
5	化工行业	0.000	0.04	0.01	2.093
6	医药制造业	0.021	0.04	0.03	5.039
7	橡胶和塑料制品业	0.004	0.12	0.04	6.908
8	金属制品业	0.172	0.05	0.14	24.633
9	通用设备制造业	0.014	0.13	0.05	9.066
10	专用设备制造业	0.008	0.06	0.02	4.489
11	汽车制造业	0.005	0.14	0.04	8.066
12	计算机、通信和其他电子设备制造业	0.430	0.07	0.32	58.645
13	电气机械和器材制造业	0.161	0.07	0.13	24.314
14	铁路、船舶、航空航天和其他运输设备制造业	0.031	0.08	0.05	8.396
	总计	1	1	1	182.42

表 4.4-10　武进太滆运河典型区域重点行业氨氮允许排放量

序号	重点行业	氨氮现状占比	得分因子强度	分配系数	各重点行业氨氮允许排放量(t/a)
1	农副食品加工业	0.001 9	0.06	0.02	0.269
2	食品制造业	0.000 5	0.05	0.02	0.213
3	纺织业（含印染）	0.005 8	0.05	0.02	0.242
4	纺织业（不含印染）	0.072 7	0.05	0.06	0.886

序号	重点行业	氨氮现状占比	得分因子强度	分配系数	各重点行业氨氮允许排放量（t/a）
5	化工行业	0.000 5	0.04	0.01	0.172
6	医药制造业	0.026 6	0.04	0.03	0.427
7	橡胶和塑料制品业	0.005 3	0.12	0.04	0.529
8	金属制品业	0.192 8	0.05	0.15	2.047
9	通用设备制造业	0.016 5	0.13	0.05	0.701
10	专用设备制造业	0.010 2	0.06	0.03	0.352
11	汽车制造业	0.006 3	0.14	0.05	0.619
12	计算机、通信和其他电子设备制造业	0.426 4	0.07	0.32	4.351
13	电气机械和器材制造业	0.195 7	0.07	0.16	2.149
14	铁路、船舶、航空航天和其他运输设备制造业	0.038 8	0.08	0.05	0.703
	总计	1	1	1	13.66

表 4.4-11　武进太滆运河典型区域重点行业总氮允许排放量

序号	重点行业	总氮现状占比	得分因子强度	分配系数	各重点行业总氮允许排放量（t/a）
1	农副食品加工业	0.002 3	0.06	0.02	0.678
2	食品制造业	0.000 2	0.05	0.02	0.533
3	纺织业（含印染）	0.007 8	0.04	0.02	0.627
4	纺织业（不含印染）	0.058 3	0.04	0.05	1.826
5	化工行业	0.000 4	0.04	0.01	0.409
6	医药制造业	0.035 4	0.04	0.04	1.248
7	橡胶和塑料制品业	0.006 7	0.12	0.04	1.333
8	金属制品业	0.231 7	0.05	0.18	5.975
9	通用设备制造业	0.020 0	0.13	0.05	1.805
10	专用设备制造业	0.013 3	0.06	0.03	0.946

续 表

序号	重点行业	总氮现状占比	得分因子强度	分配系数	各重点行业总氮允许排放量(t/a)
11	汽车制造业	0.008 0	0.14	0.04	1.557
12	计算机、通信和其他电子设备制造业	0.323 9	0.07	0.25	8.313
13	电气机械和器材制造业	0.242 1	0.07	0.19	6.392
14	铁路、船舶、航空航天和其他运输设备制造业	0.050 7	0.08	0.06	2.017
	总计	1	1	1	33.659

表 4.4-12 武进太滆运河典型区域重点行业总磷允许排放量

序号	重点行业	总磷现状占比	得分因子强度	分配系数	各重点行业总磷允许排放量(t/a)
1	农副食品加工业	0.001 5	0.06	0.02	0.039
2	食品制造业	0.000 4	0.05	0.02	0.031
3	纺织业(含印染)	0.004 4	0.05	0.02	0.033
4	纺织业(不含印染)	0.100 8	0.05	0.08	0.168
5	化工行业	0.000 4	0.04	0.01	0.024
6	医药制造业	0.020 0	0.04	0.03	0.054
7	橡胶和塑料制品业	0.004 0	0.12	0.04	0.074
8	金属制品业	0.150 6	0.05	0.12	0.239
9	通用设备制造业	0.012 4	0.13	0.05	0.095
10	专用设备制造业	0.007 6	0.06	0.02	0.049
11	汽车制造业	0.004 7	0.13	0.04	0.087
12	计算机、通信和其他电子设备制造业	0.510 4	0.07	0.38	0.752
13	电气机械和器材制造业	0.153 9	0.07	0.13	0.255
14	铁路、船舶、航空航天和其他运输设备制造业	0.029 1	0.08	0.04	0.089
	总计	1	1	1	1.99

表 4.4-13 武进大滆运河典型区域重点行业水污染允许排放量

单位：t/a

序号	地区	重点行业	重点行业现状排放量				重点行业削减量				重点行业允许排放量			
			COD	氨氮	总氮	总磷	COD	氨氮	总氮	总磷	COD	氨氮	总氮	总磷
1	武进大滆运河典型区域	农副食品加工业	0.43	0.04	0.11	0.004	−3.164	−0.229	−0.568	−0.035	3.594	0.269	0.678	0.039
2		食品制造业	5.70	0.01	0.01	0.001	0.087	−0.203	−0.523	−0.030	5.613	0.213	0.533	0.031
3		纺织业（含印染）	1.23	0.12	0.37	0.012	−1.907	−0.122	−0.257	−0.021	3.137	0.242	0.627	0.033
4		纺织业（不含印染）	32.59	1.50	2.77	0.277	14.163	0.614	0.944	0.109	18.427	0.886	1.826	0.168
5		化工行业	0.07	0.01	0.02	0.001	−2.023	−0.162	−0.389	−0.023	2.093	0.172	0.409	0.024
6		医药制造业	5.49	0.55	1.64	0.055	0.451	0.123	0.392	0.001	5.039	0.427	1.248	0.054
7		橡胶和塑料制品业	1.07	0.11	0.32	0.011	−5.838	−0.419	−1.013	−0.063	6.908	0.529	1.333	0.074
8		金属制品业	45.07	3.98	11.01	0.414	20.437	1.933	5.035	0.175	24.633	2.047	5.975	0.239
9		通用设备制造业	3.72	0.34	0.95	0.034	−5.346	−0.361	−0.855	−0.061	9.066	0.701	1.805	0.095
10		专用设备制造业	2.15	0.21	0.63	0.021	−2.339	−0.142	−0.316	−0.028	4.489	0.352	0.946	0.049
11		汽车制造业	1.28	0.13	0.38	0.013	−6.786	−0.489	−1.177	−0.074	8.066	0.619	1.557	0.087
12		计算机、通信和其他电子设备制造业	112.53	8.80	15.39	1.403	53.885	4.449	7.077	0.651	58.645	4.351	8.313	0.752
13		电气机械和器材制造业	42.13	4.04	11.50	0.423	17.816	1.891	5.108	0.168	24.314	2.149	6.392	0.255
14		铁路、船舶、航空航天和其他运输设备制造业	8.05	0.80	2.41	0.080	−0.346	0.097	0.393	−0.009	8.396	0.703	2.017	0.089
	典型区域水污染物总计		261.51	20.64	47.51	2.75	79.09	6.98	13.85	0.76	182.420	13.66	33.66	1.99

注：武进大滆运河典型区域 COD、氨氮、总氮、总磷现状排放量分别为 375.5 t/a、氨氮 33.6 t/a、总氮 97.8 t/a、总磷 3.3 t/a，重点行业 COD、氨氮、总氮、总磷现状排放量分别占片区现状排放量的 70%、61%、49% 和 83%。

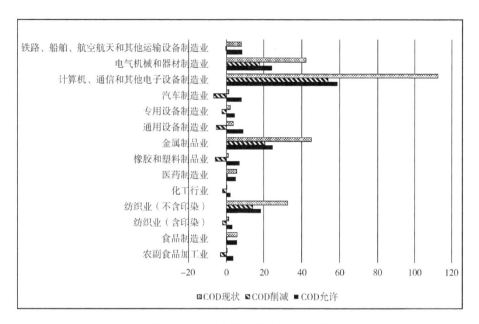

a. 武进太滆运河小流域重点行业 COD 允许排放量（单位：t/a）

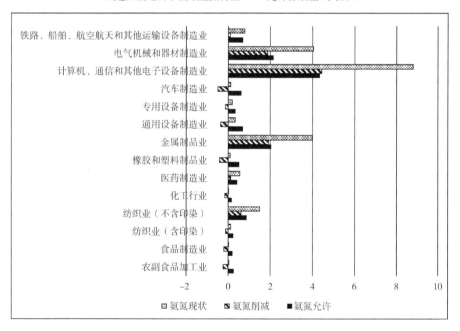

b. 武进太滆运河小流域重点行业氨氮允许排放量（单位：t/a）

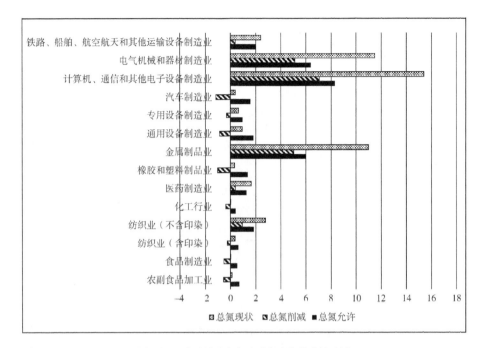

c. 武进太滆运河小流域重点行业总氮允许排放量(单位:t/a)

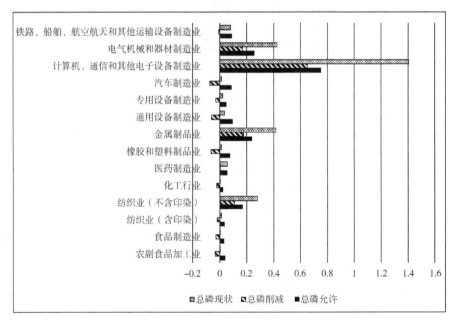

d. 武进太滆运河小流域重点行业总磷允许排放量(单位:t/a)

图 4.4-2　武进太滆运河典型区域重点行业污染物允许排放量和削减量情况

由表4.4-13可知,该方法以武进太滆运河典型区域重点行业污染物排放现状为基础,以各重点行业综合得分为调整系数,对重点行业污染物允许排放量进行分配。就目前武进太滆运河典型区域重点行业污染物排放情况,综合考虑环境效率、政策、污染物排放标准等因素,计算机、通信和其他电子设备制造业,纺织业(不含印染),电气机械和器材制造业,金属制品业需重点削减排放量,计算机、通信和其他电子设备制造业COD、氨氮、总氮、总磷削减比例分别为48%、51%、46%和46%,纺织业(不含印染)COD、氨氮、总氮、总磷削减比例分别为43%、41%、34%和39%,电气机械和器材制造业COD、氨氮、总氮、总磷削减比例分别为42%、47%、44%和40%,金属制品业COD、氨氮、总氮、总磷削减比例分别为45%、49%、46%、42%。

此外,由于太湖流域水污染控制及水环境容量有限,限制重污染行业发展,化工行业、印染行业近年逐步退出太滆运河流域,化工和印染行业污染物排放量已经非常小,因此太滆运河不属于化工和印染重污染行业密集分布区域。

汽车制造业、通用设备制造业、专用设备制造业、食品制造业、农副食品加工业削减量为负值,说明赋予此类行业的污染物允许排放量高于现状排放量,应鼓励上述重点行业进一步扩大发展空间,同时当地管理部门应根据区域发展规划,并结合太湖流域重点行业环境效率基准表,优先将可分配的污染物允许排放量分配给环境效率高的高新行业,促进区域产业升级,淘汰落后行业,改善区域水环境质量。

4.4.4　分配前后典型区域重点行业公平性评价

武进太滆运河典型区域各重点行业污染物允许排放量分配后,得到的各行业工业产值-污染物排放量(COD、氨氮、总氮和总磷)基尼系数变化情况如表4.4-14和图4.4-3所示。重点行业分配后的基尼系数比分配前减小,说明该区域重点行业分配后的水污染物允许排放量分配公平性获得提升。

表4.4-14　武进太滆运河典型区域重点行业分配前后基尼系数变化情况

	基尼系数			
	$G_{工业产值-COD}$	$G_{工业产值-氨氮}$	$G_{工业产值-总氮}$	$G_{工业产值-总磷}$
重点行业分配前	0.53	0.49	0.52	0.48
重点行业分配后	0.44	0.42	0.45	0.40
基尼系数变化值	0.09	0.07	0.07	0.08

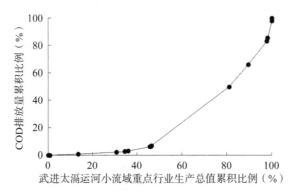

图 4.4-3(1)　武进太滆运河典型区域重点行业分配前工业产值-COD 基尼系数

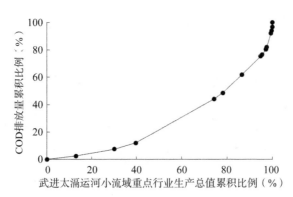

图 4.4-3(2)　武进太滆运河典型区域重点行业分配后工业产值-COD 基尼系数

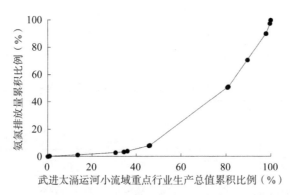

图 4.4-3(3)　武进太滆运河典型区域重点行业分配前工业产值-氨氮基尼系数

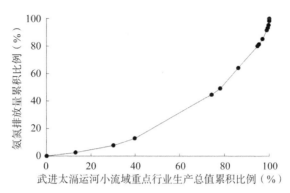

图 4.4-3(4) 武进太滆运河典型区域重点行业分配后工业产值-氨氮基尼系数

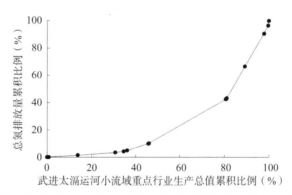

图 4.4-3(5) 武进太滆运河典型区域重点行业分配前工业产值-总氮基尼系数

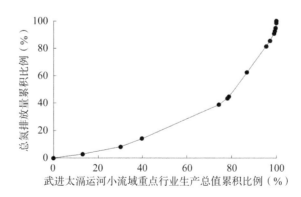

图 4.4-3(6) 武进太滆运河典型区域重点行业分配后工业产值-总氮基尼系数

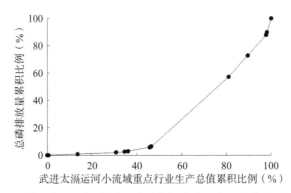

图 4.4-3(7)　武进太滆运河典型区域重点行业分配前工业产值-总磷基尼系数

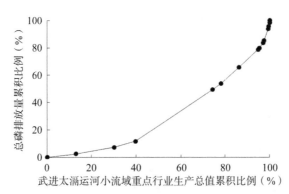

图 4.4-3(8)　武进太滆运河典型区域重点行业分配后工业产值-总磷基尼系数

4.5　基于水质目标的宜兴市重点行业污染物允许排放量分配研究

4.5.1　重点行业筛选

4.5.1.1　行业公平性评价

宜兴市行业公平性评价以《2017 年环境统计数据—工业源（太湖流域）》为基础数据，以宜兴市行业企业工业总产值为评估指标、工业产值的累积比例作为横坐标、行业企业废水排放量的累积比例作为纵坐标，以各行业企业工业生产总值-废水排放量绘制宜兴市行业企业公平性洛伦兹曲线，详见图 4.5-1。

根据曲线图应用梯形面积法计算基尼系数 G，通过计算得到各行业 $G_{生产总值-废水量}=0.80$。

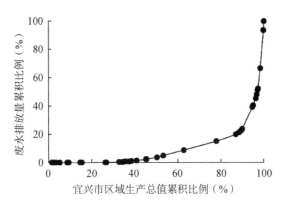

图 4.5-1　宜兴市行业企业公平性洛伦兹曲线

4.5.1.2　重点行业筛选结果

　　重点行业是指太湖流域内,水污染物产生量、排放量较大,环境危害程度较高,排污许可重点管理的行业。考虑太湖流域内水污染物限制因子主要为COD、总氮、总磷,选定行业污染因子排放总量占流域工业排放量60%以上的行业为重点行业,计算行业污染压力指数,并进行排名。根据《2017年环境统计数据－工业源(太湖流域)》,得到宜兴市重点行业企业共91家,详见表4.5-1。上述企业行业类别经归纳整合,按《国民经济行业分类》(GB/T 4754—2017)大类,分别为:①酒、饮料和精制茶造业;②纺织业(包括含印染、不含印染);③化学原料和化学制品制造业(化工行业);④电气机械和器材制造业;⑤计算机、通信和其他电子设备制造业;⑥其他制造业。

表 4.5-1　宜兴市重点企业筛选名单

行业代码	行业类别	企业数量(家)
15	酒、饮料和精制茶造业	1
17	纺织业(含印染)	28
	纺织业(不含印染)	9
26	化工行业	33
38	电气机械和器材制造业	15
39	计算机、通信和其他电子设备制造业	2
41	其他制造业	3

4.5.2 重点行业排污许可量分配方法

(1) 环境效率

宜兴市重点行业环境效率,可直接引用"表 4.2-4 江苏省太湖流域重点行业环境效率基准值表",得到典型区域重点行业调整后的最终行业环境效率百分制得分,见表 4.5-2。

表 4.5-2 宜兴市重点行业环境效率计算结果

典型区域	重点行业	推荐值	百分制得分
宜兴市	酒、饮料和精制茶制造业	1.8	5.9
	纺织业(含印染)	2.4	7.8
	纺织业(不含印染)	3.7	12.1
	化工行业	6.0	19.6
	电气机械和器材制造业	24.9	81.4
	计算机、通信和其他电子设备制造业	13.0	42.5
	其他制造业	30.6	100.0

(2) 产业经济政策及行业发展规划

在宜兴市采用"五点法"对该区域 6 个重点行业的产业经济政策/行业发展规划进行量化打分,考虑以下 10 个政策因素,表格中 10 个政策考虑因素的总分加合(百分制)即某一重点行业的产业经济政策及行业发展规划得分。上述 6 个重点行业的产业经济政策/行业发展规划打分情况如表 4.5-3(1)～(6)所示。

表 4.5-3(1) 酒、饮料和精制茶制造业产业经济政策/行业发展规划得分

序号	考虑因素	2分	4分	6分	8分	10分
1	国家产业政策调整名录要求				√	
2	江苏省工业和信息产业结构调整指导目录				√	
3	太湖流域管理条例			√		
4	区域产业准入要求			√		

序号	考虑因素	2分	4分	6分	8分	10分
5	区域主导支柱产业				√	
6	落后产能/过剩产能相符性 （占比越大,得分越低）				√	
7	区域先进制造业/战略性新兴产业 （占比越大,得分越高）			√		
8	区域经济产值贡献能力				√	
9	稳定就业/促就业能力				√	
10	对产业结构调整的促进能力			√		
合计总分		72				

表 4.5-3(2)　纺织业产业经济政策/行业发展规划得分

序号	考虑因素	2分	4分	6分	8分	10分
1	国家产业政策调整名录要求			√		
2	江苏省工业和信息产业结构调整指导目录			√		
3	太湖流域管理条例		√			
4	区域产业准入要求		√			
5	区域主导支柱产业				√	
6	落后产能/过剩产能（占比越大,得分越低）			√		
7	区域先进制造业/战略性新兴产业相符性 （占比越大,得分越高）			√		
8	区域经济产值贡献能力			√		
9	稳定就业/促就业能力					√
10	对产业结构调整的促进能力			√		
合计总分		62				

表 4.5-3(3)　化工行业产业经济政策/行业发展规划得分

序号	考虑因素	2分	4分	6分	8分	10分
1	国家产业政策调整名录要求			✓		
2	江苏省工业和信息产业结构调整指导目录			✓		
3	太湖流域管理条例		✓			
4	区域产业准入要求			✓		
5	区域主导支柱产业					✓
6	落后产能/过剩产能(占比越大,得分越低)		✓			
7	区域先进制造业/战略性新兴产业（占比越大,得分越高）			✓		
8	区域经济产值贡献能力				✓	
9	稳定就业/促就业能力				✓	
10	对产业结构调整的促进能力	✓				
	合计总分			60		

表 4.5-3(4)　电气机械和器材制造业产业经济政策/行业发展规划得分

序号	考虑因素	2分	4分	6分	8分	10分
1	国家产业政策调整名录要求					✓
2	江苏省工业和信息产业结构调整指导目录					✓
3	太湖流域管理条例					✓
4	区域产业准入要求					✓
5	区域主导支柱产业					✓
6	落后产能/过剩产能相符性（占比越大,得分越低）				✓	
7	区域先进制造业/战略性新兴产业相符性（占比越大,得分越高）				✓	
8	区域经济产值贡献能力					✓
9	稳定就业/促就业能力				✓	
10	对产业结构调整的促进能力				✓	
	合计总分			92		

表 4.5-3(5)　计算机、通信和其他电子设备制造业产业经济政策/行业发展规划得分

序号	考虑因素	2 分	4 分	6 分	8 分	10 分
1	国家产业政策调整名录要求					√
2	江苏省工业和信息产业结构调整指导目录					√
3	太湖流域管理条例					√
4	区域产业准入要求					√
5	区域主导支柱产业				√	
6	落后产能/过剩产能(占比越大,得分越低)					√
7	区域先进制造业/战略性新兴产业 (占比越大,得分越高)					√
8	区域经济产值贡献能力				√	
9	稳定就业/促就业能力			√		
10	对产业结构调整的促进能力					√
	合计总分			92		

表 4.5-3(6)　其他制造业产业经济政策/行业发展规划得分

序号	考虑因素	2 分	4 分	6 分	8 分	10 分
1	国家产业政策调整名录要求					√
2	江苏省工业和信息产业结构调整指导目录					√
3	太湖流域管理条例					√
4	区域产业准入要求					√
5	区域主导支柱产业	√				
6	落后产能/过剩产能(占比越大,得分越低)				√	
7	区域先进制造业/战略性新兴产业相符性 (占比越大,得分越高)			√		
8	区域经济产值贡献能力			√		
9	稳定就业/促就业能力				√	
10	对产业结构调整的促进能力			√		
	合计总分			76		

（3）污染物排放标准

宜兴市重点行业污染物排放标准得分,可直接引用"表 4.2-8　江苏省太湖流域重点行业污染物排放标准得分推荐表",各污染因子排放标准得分详见表 4.5-4。

表 4.5-4　宜兴市重点行业污染物排放标准因素评分表

序号	地区	重点行业	各因子污染物排放标准得分			
			COD	氨氮	总氮	总磷
1	宜兴市	酒、饮料和精制茶制造业	79.0	67.8	80.0	100.0
2		纺织业(含印染)	94.8	84.7	80.0	100.0
3		纺织业(不含印染)	84.2	84.7	78.0	100.0
4		化工行业	82.5	100.0	96.0	100.0
5		电气机械和器材制造业	79.0	67.8	80.0	100.0
6		计算机、通信和其他电子设备制造业	79.0	67.8	80.0	100.0
7		其他制造业	79.0	67.8	80.0	100.0

4.5.3　重点行业污染物允许排放量分配

4.5.3.1　重点行业综合得分计算

宜兴市重点行业环境效率、各层面产业经济政策和行业发展规划以及水污染物排放标准具体得分详见表 4.5-5,各重点行业可根据每项因素得分情况计算得出重点行业间各因素影响强度,如表 4.5-6(1)～(4)所示。

表 4.5-5　宜兴市重点行业因素得分

因素	水污染因子	环境效率	产业经济政策及行业发展规划	污染物排放标准	综合得分
		60	30	10	100
酒、饮料和精制茶制造业	COD	5.9	74	79.0	33.6
	氨氮			67.8	32.5
	总氮			80.0	33.7
	总磷			100.0	35.7
纺织业(含印染)	COD	7.8	62	94.8	32.8
	氨氮			84.7	31.8
	总氮			80.0	31.3
	总磷			100.0	33.3

续　表

因素	水污染因子	环境效率	产业经济政策及行业发展规划	污染物排放标准	综合得分
		60	30	10	100
纺织业（不含印染）	COD	12.1	62	84.2	34.3
	氨氮			84.7	34.3
	总氮			78.0	33.7
	总磷			100.0	35.9
化工行业	COD	19.6	60	82.5	38.0
	氨氮			100.0	39.8
	总氮			96.0	39.4
	总磷			100.0	39.8
电气机械和器材制造业	COD	81.4	92	79.0	84.3
	氨氮			67.8	83.2
	总氮			80.0	84.4
	总磷			100.0	86.4
计算机、通信和其他电子设备制造业	COD	42.5	92	79.0	61.0
	氨氮			67.8	59.9
	总氮			80.0	61.1
	总磷			100.0	63.1

表 4.5-6(1)　宜兴市重点行业 COD 影响因子强度

重点行业	污染因子	综合得分	影响因子强度
酒、饮料和精制茶制造业	COD	33.6	0.09
纺织业（含印染）		32.8	0.09
纺织业（不含印染）		34.3	0.09
化工行业		38.0	0.10
电气机械和器材制造业		84.3	0.23
计算机、通信和其他电子设备制造业		61.0	0.16
其他制造业		90.1	0.24

表 4.5-6(2)　宜兴市重点行业氨氮影响因子强度

重点行业	污染因子	综合得分	影响因子强度
酒、饮料和精制茶制造业	氨氮	32.5	0.10
纺织业（含印染）		31.8	0.09
纺织业（不含印染）		34.3	0.10
化工行业		39.8	0.12
电气机械和器材制造业		83.2	0.25
计算机、通信和其他电子设备制造业		59.9	0.18
其他制造业		89.0	0.26

表 4.5-6(3)　宜兴市重点行业总氮影响因子强度

重点行业	污染因子	综合得分	影响因子强度
酒、饮料和精制茶制造业	总氮	33.7	0.09
纺织业（含印染）		31.3	0.08
纺织业（不含印染）		33.7	0.09
化工行业		39.4	0.11
电气机械和器材制造业		84.4	0.23
计算机、通信和其他电子设备制造业		61.1	0.16
其他制造业		90.2	0.24

表 4.5-6(4)　宜兴市重点行业总磷影响因子强度

重点行业	污染因子	综合得分	影响因子强度
酒、饮料和精制茶制造业	总磷	35.7	0.09
纺织业（含印染）		33.3	0.09
纺织业（不含印染）		35.9	0.09
化工行业		39.8	0.10
电气机械和器材制造业		86.4	0.22
计算机、通信和其他电子设备制造业		63.1	0.16
其他制造业		92.2	0.24

4.4.3.2　综合系数法下的允许排放量分配

经过前期宜兴市精细化水环境模型计算,得到评价区域实际水环境容量中工业源可分配污染物——COD 927.62 t/a、氨氮 24.14 t/a、总氮 230.07 t/a、总磷 4.37 t/a。根据环统数据,可计算得到重点行业 COD、氨氮、总氮、总磷现状排放量分别占宜兴市现状排放量的 65%、72%、66% 和 63%,重点行业可分配污染物按重点行业与全行业排污比值计算可得,宜兴市重点行业可分配污染物——COD 602.95 t/a、氨氮 17.38 t/a、总氮 151.85 t/a、总磷 2.75 t/a。

采用综合系数法对宜兴市重点行业污染物允许排放量进行分配,综合系数法以区域重点行业污染物排放现状为基础,以各重点行业综合得分为调整系数,对重点行业污染物允许排放量进行分配。

宜兴市重点行业污染物现状排放情况如表 4.5-7 所示,各重点行业水污染物允许排放量分配如表 4.5-8~表 4.5-11 所示。宜兴市重点行业水污染允许排放量详见表 4.5-12。

表 4.5-7　宜兴市重点行业水污染物现状排放量占比情况

序号	重点行业	重点行业现状排放量(t/a)				各重点行业现状占比系数			
		COD	氨氮	总氮	总磷	COD	氨氮	总氮	总磷
1	酒、饮料和精制茶制造业	9.15	0.20	1.91	0.04	0.01	0.010	0.01	0.01
2	纺织业(含印染)	385.79	14.09	99.41	2.01	0.55	0.686	0.60	0.64
3	纺织业(不含印染)	154.01	3.74	31.04	0.63	0.22	0.182	0.19	0.20
4	化工行业	102.51	2.02	20.67	0.33	0.15	0.098	0.12	0.10
5	电气机械和器材制造业	30.55	0.32	8.04	0.06	0.04	0.015	0.05	0.02
6	计算机、通信和其他电子设备制造业	7.88	0.11	1.93	0.04	0.01	0.005	0.01	0.01
7	其他制造业	7.09	0.07	2.61	0.02	0.01	0.004	0.02	0.01
宜兴市水污染物总计		696.96	20.55	165.61	3.13	1	1	1	1

表 4.5-8 宜兴市重点行业 COD 允许排放量

序号	重点行业	COD 现状占比	得分因子强度	分配系数	各重点行业 COD 允许排放量(t/a)
1	酒、饮料和精制茶制造业	0.01	0.09	0.04	21.805
2	纺织业(含印染)	0.55	0.09	0.41	249.459
3	纺织业(不含印染)	0.22	0.09	0.18	109.836
4	化工行业	0.15	0.10	0.13	80.453
5	电气机械和器材制造业	0.04	0.23	0.10	59.277
6	计算机、通信和其他电子设备制造业	0.01	0.16	0.06	34.264
7	其他制造业	0.01	0.24	0.08	47.855
	总计	0.99	0.99	1	602.95

表 4.5-9 宜兴市重点行业氨氮允许排放量

序号	重点行业	氨氮现状占比	得分因子强度	分配系数	各重点行业氨氮允许排放量(t/a)
1	酒、饮料和精制茶制造业	0.01	0.09	0.03	0.575
2	纺织业(含印染)	0.69	0.09	0.51	8.787
3	纺织业(不含印染)	0.18	0.09	0.16	2.699
4	化工行业	0.10	0.11	0.10	1.756
5	电气机械和器材制造业	0.02	0.22	0.08	1.358
6	计算机、通信和其他电子设备制造业	0.01	0.16	0.05	0.909
7	其他制造业	0.004	0.24	0.07	1.296
	总计	1	1	1	17.380

表 4.5-10 宜兴市重点行业总氮允许排放量

序号	重点行业	总氮现状占比	得分因子强度	分配系数	各重点行业总氮允许排放量(t/a)
1	酒、饮料和精制茶制造业	0.01	0.09	0.04	5.340
2	纺织业(含印染)	0.60	0.08	0.45	67.611
3	纺织业(不含印染)	0.19	0.09	0.16	24.024
4	化工行业	0.12	0.11	0.12	18.063
5	电气机械和器材制造业	0.05	0.23	0.10	15.454
6	计算机、通信和其他电子设备制造业	0.01	0.16	0.06	8.686
7	其他制造业	0.02	0.24	0.08	12.671
	总计	1	1	1	151.85

表 4.5-11 宜兴市重点行业总磷允许排放量

序号	重点行业	总磷现状占比	得分因子强度	分配系数	各重点行业总磷允许排放量(t/a)
1	酒、饮料和精制茶制造业	0.01	0.09	0.04	0.103
2	纺织业(含印染)	0.64	0.09	0.48	1.307
3	纺织业(不含印染)	0.20	0.09	0.17	0.462
4	化工行业	0.10	0.10	0.10	0.287
5	电气机械和器材制造业	0.02	0.22	0.08	0.224
6	计算机、通信和其他电子设备制造业	0.01	0.16	0.06	0.157
7	其他制造业	0.01	0.24	0.08	0.211
	总计	1	1	1	2.75

表 4.5-12 宜兴市重点行业水污染允许排放量

单位:t/a

序号	地区	重点行业	重点行业现状排放量				重点行业削减量				重点允许排放量			
			COD	氨氮	总氮	总磷	COD	氨氮	总氮	总磷	COD	氨氮	总氮	总磷
1	宜兴市	酒、饮料和精制茶制造业	9.147	0.20	1.913	0.04	-12.659	-0.377	-3.427	-0.060	21.805	0.575	5.340	0.103
2		纺织业(含印染)	385.785	14.09	99.410	2.01	136.326	5.298	31.798	0.701	249.459	8.787	67.611	1.307
3		纺织业(不含印染)	154.007	3.74	31.042	0.63	44.171	1.043	7.017	0.164	109.836	2.699	24.024	0.462
4		电气机械和器材制造业	102.507	2.02	20.671	0.33	22.054	0.265	2.608	0.041	80.453	1.756	18.063	0.287
5		化工行业	30.550	0.32	8.044	0.06	-28.727	-1.043	-7.410	-0.160	59.277	1.358	15.454	0.224
6		计算机、通信和其他电子设备制造业	7.875	0.11	1.931	0.04	-26.389	-0.797	-6.755	-0.121	34.264	0.909	8.686	0.157
7		其他制造业	7.091	0.07	2.614	0.02	-40.764	-1.222	-10.057	-0.188	47.855	1.296	12.671	0.211
		宜兴市水污染物总计	696.96	20.55	165.63	3.13	94.01	3.17	13.78	0.38	602.95	17.38	151.85	2.75

注:宜兴市 COD、氨氮、总氮、总磷现状排放量分别为 1 066.53 t/a、氨氮 28.63 t/a、总氮 251.42 t/a、总磷 4.93 t/a,重点行业 COD、氨氮、总氮、总磷现状排放量分别占宜兴市现状排放量的 65%、72%、66% 和 63%。

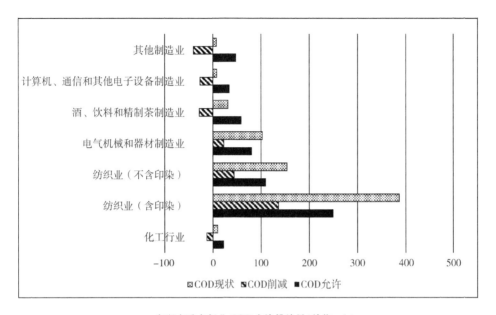

a. 宜兴市重点行业 COD 允许排放量（单位：t/a）

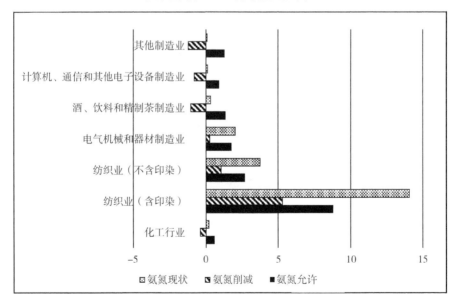

b. 宜兴市重点行业氨氮允许排放量（单位：t/a）

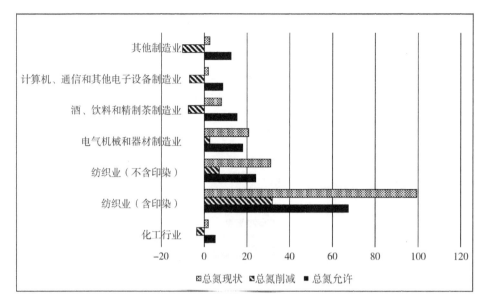

c. 宜兴市重点行业总氮允许排放量（单位：t/a）

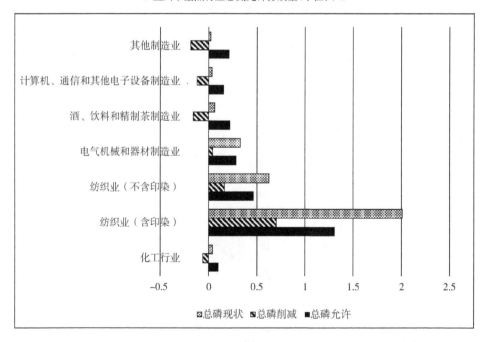

d. 宜兴市重点行业总磷允许排放量（单位：t/a）

图 4.5-2　宜兴市重点行业污染物允许排放量和削减量情况

由表 4.5-12 可知,该方法以宜兴市重点行业污染物排放现状为基础,以各重点行业综合得分为调整系数,对重点行业污染物允许排放量进行分配。化工行业,酒、饮料和精制茶制造业,计算机、通信和其他电子设备制造业,其他制造业削减量为负值,说明赋予此类行业的污染物允许排放量高于现状排放量,应鼓励上述行业进一步扩大发展空间,促进区域产业升级,淘汰落后行业,改善区域水环境质量。

4.5.4　分配前后宜兴市重点行业公平性评价

宜兴市各重点行业污染物允许排放量分配后,得到的各行业工业产值-污染物排放量(COD、氨氮、总氮和总磷)基尼系数变化情况如表 4.5-13 和图 4.5-3所示。重点行业分配后的基尼系数比分配前减小,说明该区域重点行业分配后的水污染物允许排放量分配公平性获得提升。

表 4.5-13　宜兴市重点行业分配前后基尼系数变化情况

	基尼系数			
	$G_{工业产值-COD}$	$G_{工业产值-氨氮}$	$G_{工业产值-总氮}$	$G_{工业产值-总磷}$
重点行业分配前	0.73	0.82	0.74	0.80
重点行业分配后	0.63	0.69	0.63	0.68
基尼系数变化值	0.10	0.13	0.11	0.12

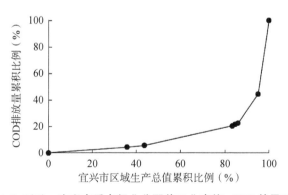

图 4.5-3(1)　宜兴市重点行业分配前工业产值-COD 基尼系数

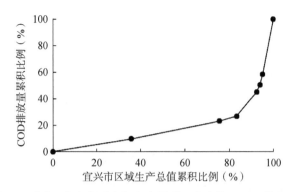

图 4.5-3(2)　宜兴市重点行业分配后工业产值-COD 基尼系数

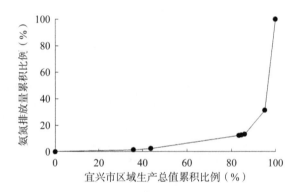

图 4.5-3(3)　宜兴市重点行业分配前工业产值-氨氮基尼系数

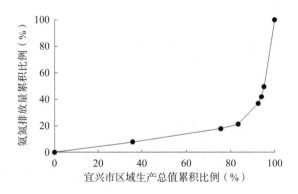

图 4.5-3(4)　宜兴市重点行业分配后工业产值-氨氮基尼系数

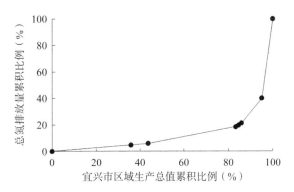

图 4.4-3(5)　宜兴市重点行业分配前工业产值-总氮基尼系数

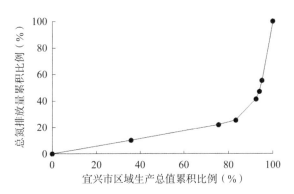

图 4.5-3(6)　宜兴市重点行业分配后工业产值-总氮基尼系数

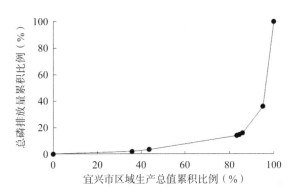

图 4.5-3(7)　宜兴市重点行业分配前工业产值-总磷基尼系数

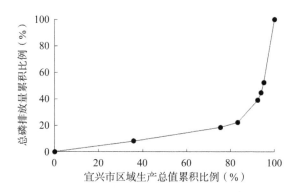

图 4.5-3(8)　宜兴市重点行业分配后工业产值-总磷基尼系数

结论:同时考虑宜兴市重点行业污染物排放量占比现状和重点行业综合得分两个因素的影响,进行重点行业允许排放量的分配,分配后的区域重点行业工业生产总值-重点行业污染物排放量基尼系数在一定程度上提高,说明有效促进了区域重点行业之间污染物分配的公平性。该方法适合在较长一段时间内推进区域产业升级、提升区域重点行业污染物分配的公平性,较难在短期内实现,建议当地政府分阶段推进。

4.6　基于水质目标的武进区重点行业污染物允许排放量分配研究

4.6.1　重点行业筛选

4.6.1.1　行业公平性评价

武进区行业公平性评价以《2017 年环境统计数据—工业源(太湖流域)》为基础数据,以武进区行业企业工业总产值为评估指标、工业产值的累积比例作为横坐标、行业企业废水排放量的累积比例作为纵坐标,以各行业企业工业生产总值-废水排放量绘制武进区域行业企业公平性洛伦兹曲线,详见图 4.6-1。

根据曲线图应用梯形面积法计算基尼系数 G,通过计算得到各行业 $G_{生产总值-废水量}=0.67$,$G_{生产总值-COD}=0.70$,$G_{生产总值-氨氮}=0.70$,$G_{生产总值-总氮}=0.74$,$G_{生产总值-总磷}=0.73$。

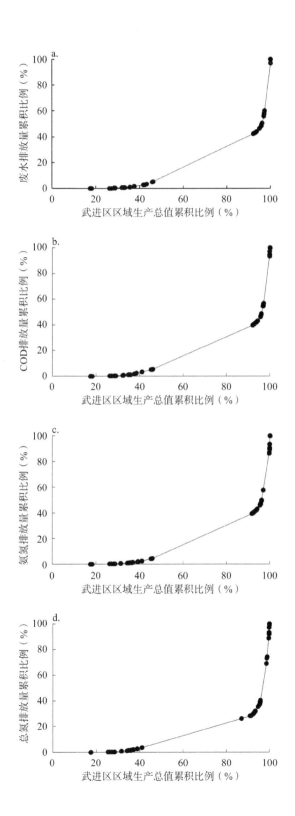

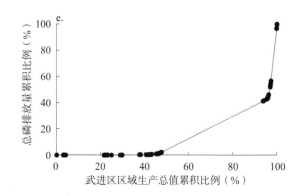

图 4.6-1　武进区行业企业公平性洛伦兹曲线

4.6.1.2　重点行业筛选结果

　　重点行业是指太湖流域内,水污染物产生量、排放量较大,环境危害程度较高,排污许可重点管理的行业。考虑太湖流域内水污染物限制因子主要为COD、总氮、总磷,选定行业污染因子排放总量占流域工业排放量60%以上的行业为重点行业,计算行业污染压力指数,并进行排名。根据《2017 年环境统计数据—工业源(太湖流域)》,得到武进区重点行业企业共 290 家,详见表 4.6-1。上述企业行业类别经归纳整合,按《国民经济行业分类》(GB/T 4754—2017)大类,分别为:①食品制造业;②纺织业(包括含印染、不含印染);③化学原料和化学制品制造业(化工行业);④医药制造业;⑤黑色金属冶炼和压延加工业;⑥金属制品业;⑦通用设备制造业;⑧铁路、船舶、航空航天和其他运输设备制造业;⑨计算机、通信和其他电子设备制造业。

表 4.6-1　武进区重点企业筛选名单

行业代码	行业类别	企业数量(家)
14	食品制造业	4
17	纺织业(含印染)	18
	纺织业(不含印染)	61
26	化工行业	67
27	医药制造业	4
31	黑色金属冶炼和压延加工业	40
33	金属制品业	66

行业代码	行业类别	企业数量(家)
34	通用设备制造业	12
37	铁路、船舶、航空航天和其他运输设备制造业	8
39	计算机、通信和其他电子设备制造业	10

4.6.2 重点行业排污许可量分配方法

（1）环境效率

武进区重点行业环境效率,可直接引用"表 4.2-4 江苏省太湖流域重点行业环境效率基准值表",得到典型区域重点行业调整后的最终行业环境效率百分制得分。

表 4.6-2 武进区重点行业环境效率计算结果

典型区域	重点行业	推荐值	百分制得分
武进区	食品制造业	17.2	18.6
	纺织业(含印染)	2.4	2.6
	纺织业(不含印染)	3.7	4.0
	化工行业	6.0	6.5
	医药制造业	9.5	10.3
	黑色金属冶炼和压延加工业	13.0	14.1
	金属制品业	9.8	10.6
	通用设备制造业	92.3	100.0
	铁路、船舶、航空航天和其他运输设备制造业	26.2	28.4
	计算机、通信和其他电子设备制造业	13.0	14.1

（2）产业经济政策及行业发展规划

在武进区采用"五点法"对该区域 9 个重点行业的产业经济政策/行业发展规划进行量化打分,考虑以下 10 个政策因素,表格中 10 个政策考虑因素的总分加合(百分制)即某一重点行业的产业经济政策及行业发展规划得分。上述 9 个重点行业产业经济政策/行业发展规划打分情况如表 4.6-3(1)～(9)所示。

表 4.6-3(1) 食品制造业产业经济政策/行业发展规划得分

序号	考虑因素	2分	4分	6分	8分	10分
1	国家产业政策调整名录要求			√		
2	江苏省工业和信息产业结构调整指导目录			√		
3	太湖流域管理条例		√			
4	区域产业准入要求				√	
5	区域主导支柱产业			√		
6	落后产能/过剩产能(占比越大,得分越低)				√	
7	区域先进制造业/战略性新兴产业 (占比越大,得分越高)			√		
8	区域经济产值贡献能力			√		
9	稳定就业/促就业能力			√		
10	对产业结构调整的促进能力	√				
	合计总分			46		

表 4.6-3(2) 纺织业产业经济政策/行业发展规划得分

序号	考虑因素	2分	4分	6分	8分	10分
1	国家产业政策调整名录要求			√		
2	江苏省工业和信息产业结构调整指导目录			√		
3	太湖流域管理条例			√		
4	区域产业准入要求			√		
5	区域主导支柱产业				√	
6	落后产能/过剩产能(占比越大,得分越低)				√	
7	区域先进制造业/战略性新兴产业相符性 (占比越大,得分越高)				√	
8	区域经济产值贡献能力			√		
9	稳定就业/促就业能力					√
10	对产业结构调整的促进能力			√		
	合计总分			64		

表 4.6-3(3)　化工行业产业经济政策/行业发展规划得分

序号	考虑因素	2分	4分	6分	8分	10分
1	国家产业政策调整名录要求			√		
2	江苏省工业和信息产业结构调整指导目录			√		
3	太湖流域管理条例	√				
4	区域产业准入要求		√			
5	区域主导支柱产业			√		
6	落后产能/过剩产能相符性 （占比越大,得分越低）		√			
7	区域先进制造业/战略性新兴产业相符性 （占比越大,得分越高）	√				
8	区域经济产值贡献能力			√		
9	稳定就业/促就业能力				√	
10	对产业结构调整的促进能力		√			
合计总分				48		

表 4.6-3(4)　医药制造业产业经济政策/行业发展规划得分

序号	考虑因素	2分	4分	6分	8分	10分
1	国家产业政策调整名录要求			√		
2	江苏省工业和信息产业结构调整指导目录			√		
3	太湖流域管理条例	√				
4	区域产业准入要求			√		
5	区域主导支柱产业	√				
6	落后产能/过剩产能相符性 （占比越大,得分越低）			√		
7	区域先进制造业/战略性新兴产业 （占比越大,得分越高）			√		
8	区域经济产值贡献能力		√			
9	稳定就业/促就业能力				√	
10	对产业结构调整的促进能力			√		
合计总分				52		

表 4.6-3(5)　黑色金属冶炼和压延加工业产业经济政策/行业发展规划得分

序号	考虑因素	2分	4分	6分	8分	10分
1	国家产业政策调整名录要求		√			
2	江苏省工业和信息产业结构调整指导目录		√			
3	太湖流域管理条例	√				
4	区域产业准入要求			√		
5	区域主导支柱产业					√
6	落后产能/过剩产能(占比越大,得分越低)		√			
7	区域先进制造业/战略性新兴产业 (占比越大,得分越高)	√				
8	区域经济产值贡献能力					√
9	稳定就业/促就业能力				√	
10	对产业结构调整的促进能力	√				
	合计总分			52		

表 4.6-3(6)　金属制品业产业经济政策/行业发展规划得分

序号	考虑因素	2分	4分	6分	8分	10分
1	国家产业政策调整名录要求			√		
2	江苏省工业和信息产业结构调整指导目录			√		
3	太湖流域管理条例		√			
4	区域产业准入要求		√			
5	区域主导支柱产业				√	
6	落后产能/过剩产能(占比越大,得分越低)			√		
7	区域先进制造业/战略性新兴产业相符性 (占比越大,得分越高)			√		
8	区域经济产值贡献能力			√		
9	稳定就业/促就业能力				√	
10	对产业结构调整的促进能力		√			
	合计总分			58		

表 4.6-3(7)　通用设备制造业产业经济政策/行业发展规划得分

序号	考虑因素	2分	4分	6分	8分	10分
1	国家产业政策调整名录要求				√	
2	江苏省工业和信息产业结构调整指导目录				√	
3	太湖流域管理条例			√		
4	区域产业准入要求			√		
5	区域主导支柱产业				√	
6	落后产能/过剩产能相符性（占比越大,得分越低）				√	
7	区域先进制造业/战略性新兴产业（占比越大,得分越高）			√		
8	区域经济产值贡献能力				√	
9	稳定就业/促就业能力				√	
10	对产业结构调整的促进能力			√		
合计总分		72				

表 4.6-3(8)　铁路、船舶、航空航天和其他运输设备制造业产业经济政策/行业发展规划得分

序号	考虑因素	2分	4分	6分	8分	10分
1	国家产业政策调整名录要求					√
2	江苏省工业和信息产业结构调整指导目录					√
3	太湖流域管理条例					√
4	区域产业准入要求					√
5	区域主导支柱产业				√	
6	落后产能/过剩产能(占比越大,得分越低)		√			
7	区域先进制造业/战略性新兴产业相符性（占比越大,得分越高）			√		
8	区域经济产值贡献能力				√	
9	稳定就业/促就业能力				√	
10	对产业结构调整的促进能力			√		
合计总分		80				

表 4.6-3(9)　计算机、通信和其他电子设备制造业产业经济政策/行业发展规划得分

序号	考虑因素	2分	4分	6分	8分	10分
1	国家产业政策调整名录要求					√
2	江苏省工业和信息产业结构调整指导目录					√
3	太湖流域管理条例					√
4	区域产业准入要求					√
5	区域主导支柱产业				√	
6	落后产能/过剩产能(占比越大,得分越低)					√
7	区域先进制造业/战略性新兴产业 (占比越大,得分越高)					√
8	区域经济产值贡献能力				√	
9	稳定就业/促就业能力			√		
10	对产业结构调整的促进能力					√
	合计总分			92		

（3）污染物排放标准

武进区重点行业污染物排放标准得分,可直接引用"表 4.2-8　江苏省太湖流域重点行业污染物排放标准得分推荐表",各污染因子排放标准得分详见表 4.6-4。

表 4.6-4　武进区重点行业污染物排放标准因素评分表

序号	地区	重点行业	各因子污染物排放标准得分			
			COD	氨氮	总氮	总磷
1	武进区	食品制造业	94.8	84.7	100.0	100.0
2		纺织业(含印染)	94.8	84.7	80.0	100.0
3		纺织业(不含印染)	84.2	84.7	78.0	100.0
4		化工行业	82.5	100.0	96.0	100.0
5		医药制造业	79.0	67.8	80.0	100.0
6		黑色金属冶炼和压延加工业	63.2	84.7	100.0	100.0
7		金属制品业	79.0	84.7	100.0	100.0
8		通用设备制造业	79.0	67.8	80.0	100.0
9		铁路、船舶、航空航天和 其他运输设备制造业	79.0	67.8	80.0	100.0
10		计算机、通信和其他 电子设备制造业	79.0	67.8	80.0	100.0

4.6.3　重点行业污染物允许排放量分配

4.6.3.1　重点行业综合得分计算

武进区重点行业环境效率、各层面产业经济政策和行业发展规划以及水污染物排放标准具体得分详见表4.6-5,各重点行业可根据每项因素得分情况计算得出重点行业间各因素影响强度,如表4.6-6(1)～(4)所示。计算得到的武进区重点行业污染物各污染因子允许排放量最终得分详见表4.6-5。

表 4.6-5　武进区重点行业因素得分

因素	水污染因子	环境效率	产业经济政策及行业发展规划	污染物排放标准	综合得分
		60	30	10	100
食品制造业	COD	18.6	46	94.8	34.4
	氨氮			84.7	33.4
	总氮			100.0	35.0
	总磷			100.0	35.0
纺织业（含印染）	COD	2.6	64	94.8	30.2
	氨氮			84.7	29.2
	总氮			80.0	28.8
	总磷			100.0	30.8
纺织业（不含印染）	COD	4.0	64	84.2	30.0
	氨氮			84.7	30.1
	总氮			78.0	29.4
	总磷			100.0	31.6
化工行业	COD	6.5	48	82.5	26.6
	氨氮			100.0	28.3
	总氮			96.0	27.9
	总磷			100.0	28.3
医药制造业	COD	10.3	54	79.0	30.3
	氨氮			67.8	29.2
	总氮			80.0	30.4
	总磷			100.0	32.4

续　表

因素	水污染因子	环境效率	产业经济政策及行业发展规划	污染物排放标准	综合得分
		60	30	10	100
黑色金属冶炼和压延加工业	COD	14.1	52	63.2	30.4
	氨氮			84.7	32.5
	总氮			100.0	34.1
	总磷			100.0	34.1
金属制品业	COD	10.6	58	79.0	31.7
	氨氮			84.7	32.2
	总氮			100.0	33.8
	总磷			100.0	33.8
通用设备制造业	COD	100.0	74	79.0	90.1
	氨氮			67.8	89.0
	总氮			80.0	90.2
	总磷			100.0	92.2
铁路、船舶、航空航天和其他运输设备制造业	COD	28.4	76	79.0	47.7
	氨氮			67.8	46.6
	总氮			80.0	47.8
	总磷			100.0	49.8
计算机、通信和其他电子设备制造业	COD	14.1	92	79.0	44.0
	氨氮			67.8	42.8
	总氮			80.0	44.1
	总磷			100.0	46.1

表 4.6-6(1)　武进区重点行业 COD 影响因子强度

重点行业	污染因子	综合得分	影响因子强度
食品制造业	COD	34.4	0.09
纺织业(含印染)		30.2	0.08
纺织业(不含印染)		30.0	0.08
化工行业		26.6	0.07
医药制造业		30.3	0.08
黑色金属冶炼和压延加工业		30.4	0.08
金属制品业		31.7	0.08
通用设备制造业		90.1	0.23
铁路、船舶、航空航天和其他运输设备制造业		47.7	0.12
计算机、通信和其他电子设备制造业		44.0	0.11

表 4.6-6(2)　武进区重点行业氨氮影响因子强度

重点行业	污染因子	综合得分	影响因子强度
食品制造业	氨氮	33.4	0.08
纺织业(含印染)		29.2	0.07
纺织业(不含印染)		30.1	0.08
化工行业		28.3	0.07
医药制造业		29.2	0.07
黑色金属冶炼和压延加工业		32.5	0.08
金属制品业		32.2	0.08
通用设备制造业		89.0	0.23
铁路、船舶、航空航天和其他运输设备制造业		46.6	0.12
计算机、通信和其他电子设备制造业		42.84	0.11

表 4.6-6(3)　武进区重点行业总氮影响因子强度

重点行业	污染因子	综合得分	影响因子强度
食品制造业		35.0	0.09
纺织业(含印染)		28.8	0.07
纺织业(不含印染)		29.4	0.07
化工行业		27.9	0.07
医药制造业		30.4	0.08
黑色金属冶炼和压延加工业	总氮	34.1	0.08
金属制品业		33.8	0.08
通用设备制造业		90.2	0.22
铁路、船舶、航空航天和其他运输设备制造业		47.8	0.12
计算机、通信和其他电子设备制造业		44.1	0.11

表 4.6-6(4)　武进区重点行业总磷影响因子强度

重点行业	污染因子	综合得分	影响因子强度
食品制造业		35.0	0.08
纺织业(含印染)		30.8	0.07
纺织业(不含印染)		31.6	0.08
化工行业		28.3	0.07
医药制造业		32.4	0.08
黑色金属冶炼和压延加工业	总磷	34.1	0.08
金属制品业		33.8	0.08
通用设备制造业		92.2	0.22
铁路、船舶、航空航天和其他运输设备制造业		49.8	0.12
计算机、通信和其他电子设备制造业		46.1	0.11

4.6.3.2　综合系数法下的允许排放量分配

经过前期武进区精细化水环境模型计算,得到评价区域实际水环境容量中工业源可分配污染物——COD 1 800.2 t/a、氨氮 129.2 t/a、总氮 214.8 t/a、总磷 14.4 t/a。根据环统数据,可计算得到重点行业 COD、氨氮、总氮、总磷现状排放量分别占武进区现状排放量的 63%、52%、59% 和 62%,重点行业可分配污染物按重点行业与全行业排污比值计算可得,武进区重点行业可分配污染物——COD 1 138.16 t/a、氨氮 67.26 t/a、总氮 126.28 t/a、总磷 8.97 t/a。

采用综合系数法对武进区重点行业污染物允许排放量进行分配,综合系数法以区域重点行业污染物排放现状为基础,以各重点行业综合得分为调整系数,对重点行业污染物允许排放量进行分配。

武进区重点行业污染物现状排放情况如表 4.6-7 所示,各重点行业水污染物允许排放量分配如表 4.6-8～表 4.6-11 所示。武进区重点行业水污染允许排放量详见 4.6-12。

表 4.6-7　武进区重点行业水污染物现状排放量占比情况

序号	重点行业	重点行业现状排放量(t/a)				各重点行业现状占比系数			
		COD	氨氮	总氮	总磷	COD	氨氮	总氮	总磷
1	食品制造业	18.02	1.242	3.71	0.001	0.01	0.01	0.02	0.000 1
2	纺织业(含印染)	172.93	13.169	33.23	1.466	0.12	0.16	0.22	0.13
3	纺织业(不含印染)	778.45	40.508	68.49	6.979	0.56	0.48	0.45	0.64
4	化工行业	93.87	12.710	17.30	0.671	0.07	0.15	0.11	0.06
5	医药制造业	7.59	0.679	1.91	0.068	0.01	0.01	0.01	0.01
6	黑色金属冶炼和压延加工业	196.46	6.895	9.59	1.172	0.14	0.08	0.06	0.11
7	金属制品业	76.26	4.310	8.14	0.323	0.05	0.05	0.05	0.03
8	通用设备制造业	19.97	1.258	2.53	0.121	0.01	0.02	0.02	0.01
9	铁路、船舶、航空航天和其他运输设备制造业	23.56	2.065	5.20	0.087	0.02	0.02	0.03	0.01
10	计算机、通信和其他电子设备制造业	8.62	0.782	1.75	0.018	0.01	0.01	0.01	0.002
	武进区水污染物总计	1 395.73	83.61	151.85	10.91	1	1	1	1

表 4.6-8　武进区重点行业 COD 允许排放量

序号	重点行业	COD现状占比	得分因子强度	分配系数	各重点行业COD 允许排放量(t/a)
1	食品制造业	0.01	0.09	0.04	40.031
2	纺织业(含印染)	0.12	0.08	0.11	124.827
3	纺织业(不含印染)	0.56	0.08	0.41	470.284

续　表

序号	重点行业	COD 现状占比	得分因子强度	分配系数	各重点行业COD 允许排放量(t/a)
4	化工行业	0.07	0.07	0.07	76.512
5	医药制造业	0.01	0.08	0.03	30.480
6	黑色金属冶炼和压延加工业	0.14	0.08	0.12	138.382
7	金属制品业	0.05	0.08	0.06	70.874
8	通用设备制造业	0.01	0.23	0.08	89.209
9	铁路、船舶、航空航天和其他运输设备制造业	0.02	0.12	0.05	54.678
10	计算机、通信和其他电子设备制造业	0.01	0.11	0.04	42.883
	总计	1	1	1	1 138.16

表 4.6-9　武进区重点行业氨氮允许排放量

序号	重点行业	氨氮现状占比	得分因子强度	分配系数	各重点行业氨氮允许排放量(t/a)
1	食品制造业	0.01	0.09	0.04	2.414
2	纺织业(含印染)	0.16	0.07	0.13	8.915
3	纺织业(不含印染)	0.48	0.08	0.36	24.353
4	化工行业	0.15	0.07	0.13	8.609
5	医药制造业	0.01	0.07	0.03	1.878
6	黑色金属冶炼和压延加工业	0.08	0.08	0.08	5.551
7	金属制品业	0.05	0.08	0.06	4.075
8	通用设备制造业	0.02	0.23	0.08	5.273
9	铁路、船舶、航空航天和其他运输设备制造业	0.02	0.12	0.05	3.554
10	计算机、通信和其他电子设备制造业	0.01	0.11	0.04	2.638
	总计	1	1	1	67.26

表 4.6-10　武进区重点行业总氮允许排放量

序号	重点行业	总氮现状占比	得分因子强度	分配系数	各重点行业总氮允许排放量(t/a)
1	食品制造业	0.02	0.09	0.04	5.458
2	纺织业(含印染)	0.22	0.07	0.17	22.061
3	纺织业(不含印染)	0.45	0.07	0.34	42.645
4	化工行业	0.11	0.07	0.10	12.705
5	医药制造业	0.01	0.08	0.03	3.978
6	黑色金属冶炼和压延加工业	0.06	0.08	0.07	8.797
7	金属制品业	0.05	0.08	0.06	7.928
8	通用设备制造业	0.02	0.22	0.08	9.985
9	铁路、船舶、航空航天和其他运输设备制造业	0.03	0.12	0.06	7.543
10	计算机、通信和其他电子设备制造业	0.01	0.11	0.04	5.179
	总计	1	1	1	126.28

表 4.6-11　武进区重点行业总磷允许排放量

序号	重点行业	总磷现状占比	得分因子强度	分配系数	各重点行业总磷允许排放量(t/a)
1	食品制造业	0.000 1	0.08	0.03	0.228
2	纺织业(含印染)	0.134 4	0.07	0.12	1.044
3	纺织业(不含印染)	0.640 0	0.08	0.47	4.224
4	化工行业	0.061 5	0.07	0.06	0.570
5	医药制造业	0.006 2	0.08	0.03	0.250
6	黑色金属冶炼和压延加工业	0.107 4	0.08	0.10	0.896
7	金属制品业	0.029 6	0.08	0.05	0.405
8	通用设备制造业	0.011 1	0.22	0.07	0.669
9	铁路、船舶、航空航天和其他运输设备制造业	0.008 0	0.12	0.04	0.374
10	计算机、通信和其他电子设备制造业	0.001 6	0.11	0.03	0.310
	总计	1	1	1	8.97

表 4.6-12　武进区重点行业水污染允许排放量

单位: t/a

序号	地区	重点行业	重点行业现状排放量				重点行业削减量				重点行业允许排放量			
			COD	氨氮	总氮	总磷	COD	氨氮	总氮	总磷	COD	氨氮	总氮	总磷
1	武进区	食品制造业	18.02	1.24	3.71	0.001	−22.008	−1.172	−1.751	−0.227	40.031	2.414	5.458	0.228
2		纺织业(含印染)	172.93	13.17	33.23	1.466	48.101	4.254	11.172	0.422	124.827	8.915	22.061	1.044
3		纺织业(不含印染)	778.45	40.51	68.49	6.979	308.170	16.155	25.844	2.755	470.284	24.353	42.646	4.224
4		化工行业	93.87	12.71	17.30	0.671	17.358	4.101	4.595	0.100	76.512	8.609	12.705	0.570
5		医药制造业	7.59	0.68	1.91	0.068	−22.890	−1.199	−2.071	−0.182	30.480	1.878	3.978	0.250
6		黑色金属冶炼和压延加工业	196.46	6.90	9.59	1.172	58.081	1.344	0.791	0.275	138.382	5.551	8.797	0.896
7		金属制品业	76.26	4.30	8.14	0.323	5.388	0.226	0.217	−0.083	70.874	4.075	7.928	0.405
8		通用设备制造业	19.97	1.26	2.53	0.121	−69.243	−4.014	−7.459	−0.548	89.209	5.273	9.985	0.669
9		铁路、船舶、航空航天和其他运输设备制造业	23.56	2.07	5.20	0.087	−31.118	−1.489	−2.343	−0.287	54.678	3.554	7.543	0.374
10		计算机、通信和其他电子设备制造业	8.62	0.78	1.75	0.018	−34.267	−1.856	−3.427	−0.292	42.883	2.638	5.179	0.310
武进区水污染物总计			1 395.73	83.61	151.85	10.91	257.57	16.35	25.57	1.93	1 138.16	67.26	126.28	8.97

注:武进区COD、氨氮、总氮、总磷现状排放量分别为2 207.6 t/a、氨氮160.6 t/a、总氮258.3 t/a,重点行业COD、氨氮、总氮、总磷现状排放量分别占武进区现状排放量的63%、52%、59%和62%。

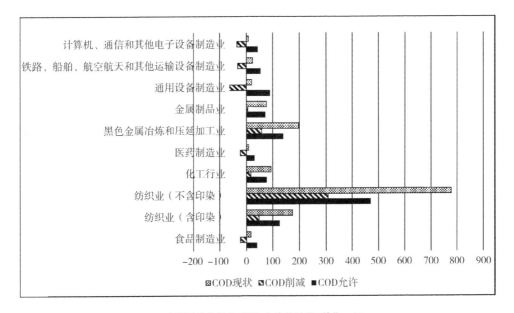

a. 武进区重点行业 COD 允许排放量（单位：t/a）

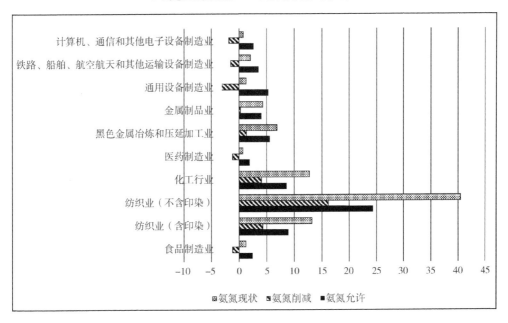

b. 武进区重点行业氨氮允许排放量（单位：t/a）

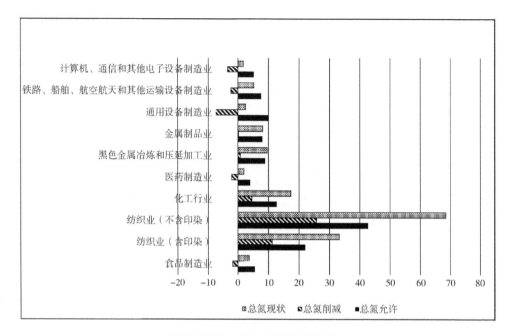

c. 武进区重点行业总氮允许排放量(单位:t/a)

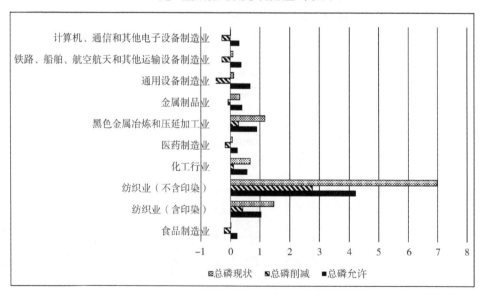

d. 武进区重点行业总磷允许排放量(单位:t/a)

图 4.6-2　武进区重点行业污染物允许排放量和削减量情况

由表 4.6-12 可知,该方法以武进区重点行业污染物排放现状为基础,以各重点行业综合得分为调整系数,对重点行业污染物允许排放量进行分配。就目前武进区重点行业污染物排放情况,综合考虑环境效率、政策、污染物排放标准等因素,纺织业、化工行业、黑色金属冶炼和压延加工业、金属制品业需重点削减排放量,纺织业 COD、氨氮、总氮、总磷削减比例分别为 40%、41%、39% 和 40%,化工行业 COD、氨氮、总氮、总磷削减比例分别为 16%、31%、25% 和 13%,黑色金属冶炼和压延加工业 COD、氨氮、总氮、总磷削减比例分别为 29%、19%、8% 和 23%,金属制品业 COD、氨氮削减比例分别为 16%、31%。

计算机、通信和其他电子设备制造业,铁路、船舶、航空航天和其他运输设备制造业,通用设备制造业,医药制造业,食品制造业削减量为负值,说明赋予此类行业的污染物允许排放量高于现状排放量,应鼓励上述重点行业进一步扩大发展空间,同时当地管理部门应根据区域发展规划,并结合太湖流域重点行业环境效率基准表,优先将可分配的污染物允许排放量分配给环境效率高的高新行业,促进区域产业升级,淘汰落后行业,改善区域水环境质量。

4.6.4　分配前后武进区重点行业公平性评价

武进区各重点行业污染物允许排放量分配后,得到的各行业工业产值-污染物排放量(COD、氨氮、总氮和总磷)基尼系数变化情况如表 4.6-13 和图 4.6-3 所示。重点行业分配后的基尼系数比分配前减小,说明该区域重点行业分配后的水污染物允许排放量分配公平性获得提升。

表 4.6-13　武进区重点行业分配前后基尼系数变化情况

	基尼系数			
	$G_{工业产值-COD}$	$G_{工业产值-氨氮}$	$G_{工业产值-总氮}$	$G_{工业产值-总磷}$
重点行业分配前	0.74	0.79	0.82	0.81
重点行业分配后	0.68	0.73	0.75	0.73
基尼系数变化值	0.06	0.06	0.07	0.08

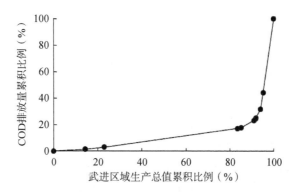

图 4.6-3(1)　武进区重点行业分配前工业产值-COD 基尼系数

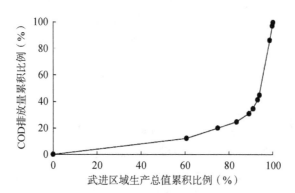

图 4.6-3(2)　武进区重点行业分配后工业产值-COD 基尼系数

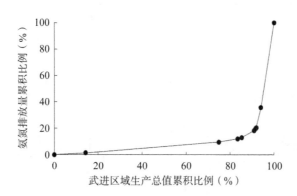

图 4.6-3(3)　武进区重点行业分配前工业产值-氨氮基尼系数

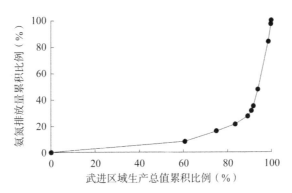

图 4.6-3(4)　武进区重点行业分配后工业产值-氨氮基尼系数

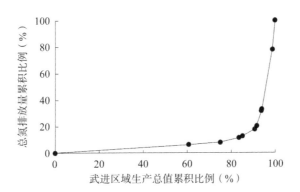

图 4.6-3(5)　武进区重点行业分配前工业产值-总氮基尼系数

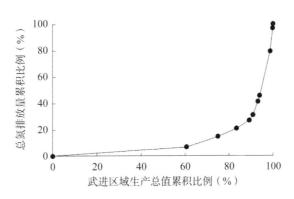

图 4.6-3(6)　武进区重点行业分配后工业产值-总氮基尼系数

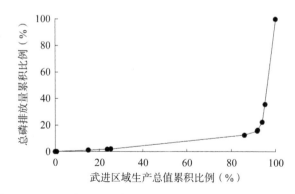

图 4.6-3(7)　武进区重点行业分配前工业产值-总磷基尼系数

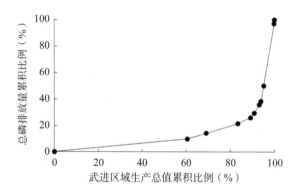

图 4.6-3(8)　武进区重点行业分配后工业产值-总磷基尼系数

结论:同时考虑武进区重点行业污染物排放量占比现状和重点行业综合得分两个因素的影响,进行重点行业允许排放量的分配,分配后的区域重点行业工业生产总值-重点行业污染物排放量基尼系数在一定程度上提高,说明有效促进了区域重点行业之间污染物分配的公平性。该方法适合在较长一段时间内推进区域产业升级、提升区域重点行业污染物分配的公平性,较难在短期内实现,建议当地政府分阶段推进。

4.7　本章小结

4.7.1　重点行业环境效率评价

利用数据包络分析方法,通过构建投入指标和产出指标(包括期望产出和非期望产出)体系,计算得到太湖流域重点行业环境效率基准表。

太湖流域28个重点行业中,环境效率较高的为仪器仪表制造业,汽车制造业,其他化工行业,橡胶和塑料制品业,家具制造业,文教、工美、体育和娱乐用品制造业,通用设备制造业,纺织服装、服饰业等8个行业;环境效率较低的为造纸和纸制品业,酒、饮料和精制茶制造业,纺织业(含印染),纺织业(不含印染),化工行业,非金属矿物制品业,皮革、毛羽及其制品和鞋业,医药制造业,黑色金属冶炼和压延加工业,有色金属冶炼和压延加工业,化学纤维制造业,专业设备制造业,食品制造业,木材加工和竹藤、棕草制品业等14个行业。

4.7.2　典型区域重点行业排污许可限值核定方法

采用专家打分形式确定环境效率、产业经济政策及行业发展规划、污染物排放标准三大因素权重为6∶3∶1;典型区域重点行业根据以上三个因素具体得分以及权重,利用多目标加权评分法可得到典型区域重点行业综合得分。

采用综合系数法对典型区域重点行业排污许可量进行分配。以典型区域重点行业污染物排放现状为基础,以各重点行业综合得分为调整系数,对典型区域基于水环境质量目标要求的工业污染源水污染物允许排放量进行合理分配,采用基尼系数对典型区域分配前后公平性进行验证。

4.7.3　基于行业公平的典型区域重点行业允许排放量分配

(1) 宜兴社渎港典型区域

基于水污染物产生量、排放量较大及排污许可重点管理的行业筛选原则,筛选出六大重点行业,该典型区域重点行业可分配污染物——COD 354.331 t/a、氨氮 12.390 t/a、总氮 73.791 t/a、总磷 1.440 t/a。采用综合系数法进行分配,得到宜兴社渎港典型区域纺织业(含印染)允许排放量(削减比例)为COD 165.78 t/a(削减41%)、氨氮 7.02 t/a(削减27%)、总氮 36.14 t/a(削减37%)、总磷 0.806 t/a(削减40%);纺织业(不含印染)允许排放量(削减比例)为COD 37.21 t/a(削减24%)、氨氮 1.29 t/a(削减27%)、总磷 0.16 t/a(削减23%),总氮无需削减;化工行业允许排放量(削减比例)为COD 46.10 t/a(削减27%)、氨氮 1.11 t/a(削减16%)、总氮 9.19 t/a(削减20%),总磷无需削减;电气机械和器材制造业,酒、饮料和精制茶制造业,计算机、通信和其他电子设备制造业,其他制造业无需削减污染物。对比分配前后的基尼系数,分配后各行业工业产值-污染物排放量(COD、氨氮、总氮、总磷)基尼系数比分配前分别降低了0.10、0.08、0.17、0.12,社渎港典型区域重点行业水污染物允许排放量分配公平性得到提升。

（2）武进太滆运河典型区域

基于水污染物产生量、排放量较大和排污许可重点管理的行业筛选原则，筛选出 13 个重点行业，该典型区域重点行业可分配污染物——COD 182.42 t/a、氨氮 13.66 t/a、总氮 33.66 t/a、总磷 1.99 t/a。采用综合系数法进行分配，得到武进太滆运河典型区域计算机、通信和其他电子设备制造业允许排放量（削减比例）为 COD 58.65 t/a（削减 48%）、氨氮 4.35 t/a（削减 51%）、总氮 8.31 t/a（削减 46%）、总磷 0.75 t/a（削减 46%）；金属制品业允许排放量（削减比例）为 COD 24.63 t/a（削减 45%）、氨氮 2.05 t/a（削减 49%）、总氮 5.98 t/a（削减 46%）、总磷 0.239 t/a（削减 42%）；电气机械和器材制造业允许排放量（削减比例）为 COD 24.31 t/a（削减 42%）、氨氮 2.15 t/a（削减 47%）、总氮 6.39 t/a（削减 44%）、总磷 0.255 t/a（削减 40%）；纺织业（不含印染）允许排放量（削减比例）为 COD 18.43 t/a（削减 43%）、氨氮 0.89 t/a（削减 41%）、总氮 1.83 t/a（削减 34%）、总磷 0.168 t/a（削减 39%）；医药制造业允许排放量（削减比例）为 COD 5.04 t/a（削减 8%）、氨氮 0.43 t/a（削减 22%）、总氮 1.25 t/a（削减 24%）、总磷 0.054 t/a（削减 1%）；食品制造业允许排放量（削减比例）为 COD 3.59 t/a（削减 2%），其他污染因子无需削减；铁路、船舶、航空航天和其他运输设备制造业允许排放量（削减比例）为氨氮 0.703 t/a（削减 12%）、总氮 2.02 t/a（削减 16%），其他污染因子无需削减；纺织业（含印染）、化工行业已移逐步退出该典型区域，不属于重污染行业；农副食品加工业、橡胶和塑料制品业、通用设备制造业、专用设备制造业、汽车制造业无需削减污染物。对比分配前后的基尼系数，分配后各行业工业产值-污染物排放量（COD、氨氮、总氮、总磷）基尼系数比分配前分别降低了 0.09、0.07、0.07、0.08，太滆运河典型区域重点行业水污染物允许排放量分配公平性得到提升。

（3）宜兴市

基于水污染物产生量、排放量较大和排污许可重点管理的行业筛选原则，筛选出六大重点行业，该典型区域重点行业可分配污染物——COD 927.621 t/a、氨氮 24.14 t/a、总氮 230.07 t/a、总磷 4.37 t/a。采用综合系数法进行分配，得到酒、饮料和精制茶制造业允许排放量（削减比例）为 COD 21.81 t/a（削减 22%）、氨氮 0.58 t/a（削减 13%）、总氮 5.34 t/a（削减 13%）、总磷 0.103 t/a（削减 13%）；纺织业（含印染）允许排放量（削减比例）为 COD 249.46 t/a（削减 35%）、氨氮 8.79 t/a（削减 38%）、总氮 67.61 t/a（削减 38%）、总磷 1.307 t/a（削减 35%）；纺织业（不含印染）允许排放量（削减比例）为 COD 109.84 t/a（削减 29%）、氨氮 2.70 t/a（削减 28%）、总氮 24.02 t/a（削减 23%）、总磷 0.462 t/a

（削减 26%）；电气机械和器材制造业，酒、饮料和精制茶制造业，计算机、通信和其他电子设备制造业，其他制造业无需削减污染物。对比分配前后的基尼系数，分配后各行业工业产值-污染物排放量（COD、氨氮、总氮、总磷）基尼系数比分配前分别降低了 0.10、0.13、0.11、0.12，宜兴市重点行业水污染物允许排放量分配公平性得到提升。

（4）武进区

基于水污染物产生量、排放量较大和排污许可重点管理的行业筛选原则，筛选出九大重点行业，允许排放量分别为 COD 1 138.16 t/a、氨氮 67.26 t/a、总氮 126.28 t/a、总磷 8.97 t/a。采用综合系数法进行分配，得到武进区纺织业（含印染）允许排放量（削减比例）为 COD 124.83 t/a（削减 28%）、氨氮 8.92 t/a（削减 32%）、总氮 22.06 t/a（削减 34%）、总磷 1.04 t/a（削减 29%）；纺织业（不含印染）允许排放量（削减比例）为 COD 470.28 t/a（削减 40%）、氨氮 24.53 t/a（削减 38%）、总氮 42.65 t/a（削减 38%）、总磷 4.22 t/a（削减 39%）；化工行业允许排放量（削减比例）为 COD 76.51 t/a（削减 18%）、氨氮 8.61 t/a（削减 32%）、总氮 12.71 t/a（削减 27%）、总磷 0.570 t/a（削减 15%）；黑色金属冶炼和压延加工业允许排放量（削减比例）为 COD 138.32 t/a（削减 30%）、氨氮 5.55 t/a（削减 19%）、总氮 8.80 t/a（削减 8%）、总磷 0.896 t/a（削减 24%）；金属制品业允许排放量（削减比例）为 COD 70.87 t/a（削减 7%）、氨氮 4.08 t/a（削减 5%）、总氮 7.93 t/a（削减 3%）、总磷无需削减；食品制造业，医药制造业，通用设备制造业，铁路、船舶、航空航天和其他运输设备制造业和计算机、通信和其他电子设备制造业无需削减污染物。对比分配前后的基尼系数，分配后各行业工业产值-污染物排放量（COD、氨氮、总氮、总磷）基尼系数比分配前分别降低了 0.06、0.06、0.07、0.08，武进区重点行业水污染物允许排放量分配公平性得到提升。

第五章

基于水环境质量的太湖流域典型区域重点行业排污许可限值核定技术方法框架设计

为贯彻落实党中央、国务院决策部署,推进排污许可制度建设,在国家水体污染控制与治理重大专项基于水环境质量的太湖流域排污许可管理技术及制度研究等相关科研成果的基础上,形成基于水环境质量的太湖流域典型区域重点行业排污许可限值核定技术方法。

本方法明确了太湖流域典型区域选择、允许排放量计算、重点行业筛选、重点行业环境效率评价、重点行业排污许可量分配、重点行业公平性评价等方面的技术要点,有助于指导太湖流域其他区域公平分配排污许可限值及重点行业污染控制工作,为改善区域水环境质量提供科学、合理、可行的技术支持。

5.1 适用范围

本方法介绍了太湖流域典型区域主要水污染物允许排放量计算及重点行业排污许可限值确定的工作流程。

本方法适用于太湖流域典型区域。

5.2 规范性引用文件

《地表水环境质量标准》(GB 3838—2002)

《地表水资源质量评价技术规程》(SL 395—2007)

《水域纳污能力计算规程》(GB/T 25173—2010)

《钢铁工业水污染物排放标准》(GB 13456—2012)

《纺织染整工业水污染物排放标准》(GB 4287—2012)

《橡胶制品工业污染物排放标准》(GB 27632—2016)

《太湖地区城镇污水处理厂及重点工业行业主要水污染物排放限值》(DB 32/1072—2018)

《环境影响评价技术导则 地表水环境》(HJ 2.3—2018)

《水环境监测规范》(SL 219—2013)

《化学工业水污染物排放标准》(DB 32/939—2020)

《省政府关于江苏省地表水(环境)功能区划的批复》(苏政复〔2003〕29 号)

《省水利厅、省发展和改革委关于水功能区纳污能力和限制排污总量的意见》(苏水资〔2014〕26 号)

《省政府关于江苏省地表水新增水功能区划方案的批复》(苏政复〔2016〕106 号)

5.3 术语和定义

5.3.1 汇水范围

汇水范围,是影响同一个(或同一组)断面水质的一组乡镇行政区的集合。

5.3.2 控制单元

控制单元,是对重要水质控制断面产生影响的主要污染负荷所在区域。

5.3.3 水生态功能分区

水生态环境功能分区,是依据河流生态学中的格局与尺度理论,反映流域水生态系统在不同空间尺度下的分布格局,基于流域水生态系统空间特征差异,结合人类活动影响因素而提出的一种分区方法。它是水环境管理从水质目标管理向水生态健康管理拓展的基础管理单元,是确定流域水生态保护与水质管理目标的基础。

5.3.4 典型区域

典型区域,应包含国家或省或市级地表水控制断面,工业占比较为显著,是研究排污许可制度典型性的区域。

5.3.5 水功能区

为满足人类对水资源合理开发、利用、节约和保护的需求,根据水资源的自然条件和开发利用现状,按照流域综合规划、水资源保护和经济社会发展要求,依其主导功能划定范围并执行相应水环境质量标准的水域。

注:水环境质量标准按照 GB 3838—2002 执行。

5.3.6　水环境容量

水环境容量,指在设计水文条件下,满足计算水域的水质目标要求时,该水域所能容纳的某种污染物的最大数量,又称水域纳污能力。

5.3.7　最大允许排放量

水环境容量除以点源入河系数,即点源(工业、生活源)的污染物最大允许排放量(指陆域部分)。

5.3.8　重点行业

重点行业,指太湖流域内,水污染物产生量、排放量较大,环境危害程度较高,排污许可重点管理的行业。

5.3.9　环境效率

环境效率,指对某一企业、行业或地区创造单位价值产生的环境影响大小的衡量,是单位资源、环境负荷带来的经济产值,是产品经济效益与环境、资源承受能力的比值。

5.3.10　排污许可限值

排污许可限值,指排污许可证中规定的允许排污单位排放的污染物最大排放量。

5.4　主要内容和工作程序

5.4.1　主要内容

综合考虑水环境质量达标情况、污染源分布、水系分布与流向、水生态功能分区情况确定典型区域范围;调查与分析基础资料,确定污染物种类及水质达标现状;选择并构建水环境数学模型,在设计水文水质条件下计算基于断面达标及水功能区"双达标"的典型区域污染物允许排放量。

筛选典型区域重点行业,分析区域重点行业环境效率,综合考虑排放标准、产业经济政策与行业发展规划等因素,计算典型区域重点行业综合得分。根据典型区域重点行业综合得分,结合重点行业水污染物排放现状,利用综合系数分配法计算得到典型区域重点行业排污许可限值,并对分配结果进行区域公平性验证。

5.4.2　工作程序

基于水环境质量的重点行业典型区域排污许可限值核定技术按下列步骤进行:

(1) 典型区域选择;

(2) 典型区域基本资料的调查收集和分析整理;

(3) 分析典型区域污染特性、排污口状况、河流基本情况等,确定水环境容量核定的污染物种类;

(4) 根据典型区域水系特征,确定允许排放量核定方法,选择合适的水环境数学模型,确定模型参数;

(5) 确定设计水文条件,计算污染物允许排放量;

(6) 综合考虑环境效率、排放标准、产业经济政策与行业发展规划等因素,计算区域重点行业综合得分;

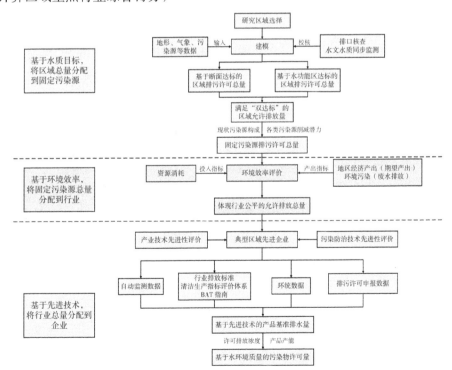

图 5.4-1　基于水环境质量的排污许可限值核定技术方法

（7）结合典型区域重点行业水污染物排放现状，利用综合系数法进行重点行业排污许可限值核定；

（8）利用基尼系数对限值分配结果进行区域公平性验证。

5.5　典型区域确定方法

5.5.1　划分原则

（1）典型性原则：确定区域应包含地表水控制断面，工业占比较为显著，可通过控制典型区域重点行业排污许可限值达到水质改善的目的。

（2）综合分析原则：区域划分应以控制断面为依据，以汇水范围为基础，以水生态功能分区及控制单元为补充，综合考虑流域水文情势和流域圩区分布、区域污染排污特征兼顾区县行政边界和水资源分区，完成典型区域划分。

（3）与现有行政管理协调原则：划分的典型区域要便于污染源控制和水质目标实现，在平原水网区要考虑现行的县乡级行政管理单元，方便政府管理。

5.5.2　划分步骤

（1）典型河流筛选：以河流断面现状水质、汇水区域内产业分布、河湖水文水质、水利工程情况为主要依据，确定需要重点管控水质断面的典型河流。

（2）典型河流周围基础情况分析：确定影响控制断面水质的汇水范围，收集整理汇水范围涉及的控制单元、水生态功能分区及行政区划情况。

（3）典型区域确定：首先利用汇水区、水生态功能分区、控制单元、水系分布及流向、污染源、控制断面、县级与乡镇级行政边界等指标的空间数据在 GIS 中进行整合分析，得到典型区域草图。在进行典型区域确定时，汇水区是基本的聚合区域，水生态功能区、控制单元边界是典型区域确定的基本外边界限制条件，以此为基础，考虑水文特征和各类型控制断面的分布特征，同时考虑用县级与乡镇级行政界线调整平原水网区的典型区域边界，形成最终划分结果。

5.6　基于水质目标的典型区域允许排放量计算方法

5.6.1　典型区域基本资料调查分析

（1）水文资料：水利工程（闸站）分布及调度资料；

（2）水质资料：区域污染源及入河排污口资料；

（3）地形资料：河流断面资料；

（4）行政区划、水功能区划、水环境敏感目标分布、水生态功能分区、控制单元等。

5.6.2　污染物确定及概化排口

5.6.2.1　污染物确定

根据区域现状及规划产业布局要求，分析区域产生的主要污染物种类，作为典型区域允许排放量核定的主要污染物。

5.6.2.2　概化排口

根据污染特性，应以影响重点控制断面的主要污染物作为允许排放量核定的污染物，排污口概化方法具体参考附录 A。

5.6.3　允许排放量核定方法选择

5.6.3.1　总体达标法

总体达标法可参照《省水利厅、省发展和改革委关于水功能区纳污能力和限制排污总量的意见》（苏水资〔2014〕26 号）：

根据河网区域地表水（环境）功能区划及污染物综合降解系数，采用零维模型计算出各计算单元最小空间范围和最小时间长度的污染物最大负荷，确定典型区域在规定的水质目标下的允许排放量。

5.6.3.2　断面达标法

控制断面上游有多个排污口时，可采用概化排污口方法或建立控制断面水质与上游排污量关系曲线的方法，进行上游排污控制量计算。依据水功能区水质边界条件，在设计水文条件下，采用水质数学模型，计算满足考核断面水质达标要求的污染源最大允许排放量。

总体达标法、断面达标法具体计算过程参考附录 A

5.6.4　模型参数确定

5.6.4.1　设计水文条件

计算典型区域污染物允许排放量，河网内河流应采用 90% 保证率下的最枯月平均流量或近 10 年最枯月平均流量作为设计流量。

5.6.4.2　边界水质条件

以典型区域边界处的水环境功能区划的水质目标值作为水质边界条件。

5.6.4.3 污染物综合降解系数

污染物综合降解系数可采用类比法、室内实验室率定法、原位水文水质同步监测率定法确定。

(1)类比法

核定水域以往工作和研究中的污染物综合降解系数值经过分析检验后可以采用;无核定水域的资料时,可借用水力特性、污染状况及地理、气象条件相似的有资料地区的污染物综合降解系数值。

(2)室内实验室率定法

根据不同水体特点(河宽、水深等)进行野外采样及室内水质分析,根据其降解规律求解静水(或动水、或考虑水生生物的影响)条件下的污染物综合降解系数。

(3)原位水文水质同步监测率定法

制定研究区域水文、水质同步监测方案并开展同步监测,通过监测值与模型计算得到的水质、水量值的对比分析,调整模型参数使模型计算值与实测值的误差最小,从而率定得到污染物综合降解系数值。

5.6.4.4 不均匀系数

由于污染物进入水体后,一般很难在短距离内达到全断面均匀混合,即参与污染物稀释降解的只是部分水体,此时需要对水环境容量结果进行不均匀系数修正,不均匀系数取值范围∈(0,1)。影响河流不均匀系数的主要因素为河宽、流量、水深等,河流越宽、流量越大、水深越深,不均匀系数值越小。河流不均匀系数参考值见附录B。

5.6.5 基于"双达标"的污染物允许排放量计算

应用总体达标法计算基于水功能区达标的污染物允许排放量。

应用断面达标法计算基于控制断面达标的污染物允许排放量。

基于控制断面达标的污染物允许排放量和基于水功能区达标的污染物允许排放量中的较小值,确定为基于"双达标"的污染物允许排放量。

5.7 基于行业公平的典型区域重点行业允许排放量分配方法

5.7.1 重点行业筛选

筛选水污染物产生量和排放量较大、排污许可重点管理的行业作为重点行业。行业类别分类依据《国民经济行业分类》(GB/T 4754—2017)作为分类标准,按行业中类进行分类汇总处理。太湖流域重点行业及代码名录见附表 C.1。

一个区域的 COD、氨氮、总氮、总磷产生量是区域水环境污染物总量分配方案制定时首先要考虑的因子,选定行业污染因子排放总量占典型区域工业排放量 60%以上的行业为重点行业。

5.7.2　重点行业综合得分计算方法

重点行业可根据环境效率、污染物排放标准以及各层面产业经济政策和行业发展规划等因素具体得分,计算得到重点行业间各因素影响强度,重点行业环境效率、污染物排放标准、产业经济政策和行业发展规划等因素影响强度计算及典型区域重点行业综合得分计算方法见附录 C.2~C.5。

5.7.3　重点行业污染物排污许可限值核定方法(综合系数法)

综合系数法以典型区域重点行业污染物排放现状为基础,以各重点行业综合得分为调整系数,对重点行业污染物允许排放量进行分配。

假设该区域共筛选出 n 个重点行业,分别为重点行业 a、重点行业 b、重点行业 c……重点行业 i……重点行业 n,重点行业 i 的污染物允许排放量计算公式如下:

$$S_i' = \frac{S_i}{S_{total}} \tag{5.7-1}$$

$$TS_i' = \frac{TS_i}{\sum\limits_{i=a}^{n} TS_n} \tag{5.7-2}$$

$$W_i = \frac{0.7 \times S_i' + 0.3 \times TS_i'}{\sum\limits_{i=a}^{n}(0.7 \times S_i' + 0.3 \times TS_i')} \tag{5.7-3}$$

$$C_i = C \times W_i \tag{5.7-4}$$

式中,S_i' 为典型区域中重点行业 i 现状占比系数,不同污染因子分别用 S_{COD}'、$S_{NH_3\text{-}N}'$、S_{TN}'、S_{TP}' 表示;S_i 为典型区域重点行业 i 现状排放量,不同污染因子分别用 $S_{i\,COD}$、$S_{i\,NH_3\text{-}N}$、$S_{i\,TN}$、$S_{i\,TP}$ 表示;S_{total} 为典型区域某污染因子现状排放总量,不同污染因子分别用 $S_{total\text{-}COD}$、$S_{total\text{-}NH_3\text{-}N}$、$S_{total\text{-}TN}$、$S_{total\text{-}TP}$ 表示;TS_i' 为典型区

域中重点行业 i 得分占比系数,不同污染因子分别用 TS'_{COD}、TS'_{NH_3-N}、TS'_{TN}、TS'_{TP} 表示;TS_i 为重点行业 i 三大因素最终加权得分;W_i 为典型区域重点行业 i 污染物允许排放量分配系数,不同污染因子分别用 W_{iCOD}、W_{iNH_3-N}、W_{iTN}、W_{iTP} 表示;Ci 为模型计算得到典型区域重点行业 i 污染物允许排放量,不同污染因子分别用 C_{iCOD}、C_{iNH_3-N}、C_{iTN}、C_{iTP} 表示。

5.7.4 典型区域重点行业排污许可限值分配前后行业公平性评价

典型区域分配前后行业公平性以基尼系数进行表征,基尼系数假设绝对均等分配曲线与实际分配曲线之间的面积为 A,即不均等面积,实际分配曲线下方的面积用 B 来表示,则基尼系数的定义式为

$$G = \frac{A_A}{A_A + A_B} \tag{5.7-5}$$

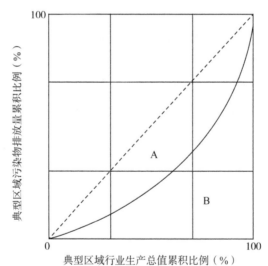

图 5.7-1　基尼系数示意图

基尼系数越小,洛伦兹滋曲线的弧度越小,污染物允许排放量分配越趋于平等;基尼系数越接近于 1,则洛伦兹滋曲线的弧度越大,污染物允许排放量分配越不均等。

通过典型区域重点行业基尼系数对典型区域行业公平性现状进行评价,通过对比现状下的行业排污量和优化后的行业排污许可量的公平性,评估典型区域重点行业污染物允许排放量分配后行业公平性是否得到改善。

附录 A　基于控制断面及水功能区"双达标"的典型区域允许排放量核定方法

A.1　总体达标法

总体达标法采用零维模型进行水质计算,示意图见图 A.1。

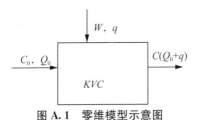

图 A.1　零维模型示意图

总体达标法计算见公式(A.1):

$$W = \sum_{j=1}^{n} \sum_{i=1}^{m} \alpha_{ij} \times \left[31.536 Q_{0ij}(C_{sij} - C_{0ij}) + 0.0356 KV_{ij}C_{sij} \right] \quad (A.1)$$

式中,W 为水环境容量,单位为 t/a;Q_{0ij} 为设计水文条件下的流量,单位为 m³/s;V_{ij} 为设计水文条件下的水体体积,单位为 m³;C_{sij} 为功能区水质目标,单位为 mg/L;C_{0ij} 为上游来水水质浓度,单位为 mg/L;K 为污染物综合降解系数(其参考值见附录 B.1),单位为 d^{-1};α_{ij} 为不均匀系数(其参考值见附录 B.2)。

A.2　控制断面达标法

A.2.1　多个排污口概化方法

多个排污口概化方法见图 A.2,图中 1 号、2 号、3 号排污口可合并为 1 个排污口 1$^{\#}$。

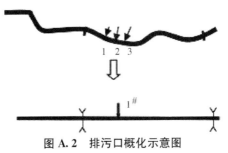

图 A.2　排污口概化示意图

排污口概化的重心计算见公式(A.2):

$$X = \frac{(Q_1 C_1 X_1 + Q_2 C_2 X_2 + \cdots + Q_n C_n X_n)}{(Q_1 C_1 + Q_2 C_2 + \cdots + Q_n C_n)} \quad (A.2)$$

式中,X 为概化的排污口到功能区划下断面或控制断面的距离,单位为 m;Q_n 为第 n 个排污口(支流口)的水量,单位为 m³/s;X_n 为第 n 个排污口(支流口)到功能区划下断面的距离,单位为 m;C_n 为第 n 个排污口(支流口)的污染物浓度,单位为 mg/L。

A.2.2 单个排污口的一维稳态水质模型计算方法

一维稳态水质模型示意图见图 A.3。

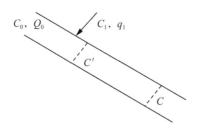

图 A.3 一维模型示意图

排污口下游某处的水质浓度按照公式(A.3)和公式(A.4)进行计算:

$$C = C' \exp\left(-\frac{K}{86\,400 \cdot u}x\right) \tag{A.3}$$

$$C' = \frac{C_0 Q_0 + C_1 q}{(Q_0 + q)} \tag{A.4}$$

式中,C 为排污口下游某处的水质浓度,单位为 mg/L;C' 为混合后水质浓度,单位为 mg/L;C_1 为排污口废水浓度,单位为 mg/L;q 为污口排水量,单位为 m^3/s;C_0 为上游河水浓度,单位为 mg/L;Q_0 为上游河水流量,单位为 m^3/s;K 为污染物综合降解系数(其参考值见附录 B.1),单位为 d^{-1};x 为距排污口的距离,单位为 m;u 为河流流速,单位为 m/s。

当 $C = C_s$ 时,W 即为该河流的水环境容量,按照公式(A.5)进行计算:

$$W = 31.536\left[(Q_0 + q) \cdot C_s \cdot \exp\left(\frac{Kx}{86\,400u}\right) - C_0 Q_0\right] \tag{A.5}$$

式中,W 为水环境容量,单位为 t/a;C_s 为水功能区水质目标,单位为 mg/L。

A.2.3 多个排污口的一维稳态水质模型计算方法

多个排污口的一维稳态水质模型计算方法见示意图 A.4。根据 A.2.2 节中单个排污口计算方法,将第一个排污口下游某处计算浓度作为第二个排污口上游河水初始浓度,通过试算法计算 n 个排污口下游某处水质浓度。当考核断面水质(C)达标时,所有概化排污口的最大允许排污量之和即为区域的水环境容量值。

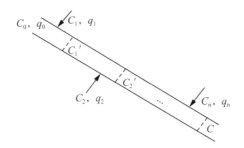

图 A. 4　多个排污口计算示意图

附录 B　污染物综合降解系数参考值和不均匀系数参考值

附录 B. 1　太湖流域(河网区河流)不同流速水深比下污染物综合降解系数参考值

$u/h(\mathrm{s}^{-1})$	0.001~0.030	0.031~0.060	0.061~0.090	0.091~0.120	0.121~0.150
$K(\mathrm{COD_{Mn}})(\mathrm{d}^{-1})$	0.019~0.058	0.035~0.148	0.081~0.155	0.086~0.228	0.136~0.233
$K(\mathrm{NH_3-N})(\mathrm{d}^{-1})$	0.010~0.037	0.032~0.105	0.070~0.190	0.080~0.170	0.108~0.180

注:u 为流速,单位为 m/s;h 为水深,单位为 m。

表 B. 2　河流不均匀系数参考值

河宽(m)	不均匀系数
0 ~ 50	0.8 ~ 1
50 ~ 100	0.6 ~ 0.8
100 ~ 150	0.4 ~ 0.6
150 ~ 200	0.1 ~ 0.4

附录 C　重点行业综合得分计算方法

C.1　太湖流域重点行业名录

表 C. 1　江苏省太湖流域重点行业及代码名录

大类行业代码	行业名称	中类行业代码	行业名称
13	农副食品加工业	131	谷物磨制
		132	饲料加工
		133	植物油加工
		135	屠宰及肉类加工
		136	水产品加工
		137	蔬菜、菌类、水果和坚果加工
		139	其他农副食品加工

续　表

大类行业代码	行业名称	中类行业代码		行业名称
14	食品制造业	141		烘烤食品制造
		143		方便食品制造
		144		乳制品制造
		145		罐头食品制造
		146		调味品、发酵品制造
		149		其他食品制造
15	酒、饮料和精制茶制造业	151		酒的制造
		152		饮料制造
17	纺织业（含印染）	171	1713	棉印染精加工
		172	1723	毛染整精加工
		173	1733	麻染整精加工
		174	1743	丝印染精加工
		175	1752	化纤织物染整精加工
		176	1762	针织或钩针编织物印染精加工
	纺织业（不含印染）	171	1711	棉纺纱加工
			1712	棉织造加工
		172	1721	毛条和毛纱线加工
			1722	毛织造加工
		173	1731	毛纤维纺前加工和纺纱
			1732	毛织造加工
		174	1741	缫丝加工
			1742	绢纺和丝织加工
		175	1751	化纤织造加工
		176	1761	针织或钩针编织物织造
		178	—	产业用纺织制成品制造
18	纺织服装、服饰业	181		纺织服装、服饰业
		182		针织或钩针编织服装制造
		183		服饰制造

大类行业代码	行业名称	中类行业代码	行业名称
19	皮革、毛羽及其制品和鞋业	191	皮革鞣制加工
		192	皮革制品制造
		194	毛皮鞣制及制品加工
		195	制鞋业
20	木材加工和木、竹、藤、棕、草制品业	202	人造板制造
		203	木质制品制造
21	家具制造业	211	木质家具制造
		213	金属家具制造
		214	塑料家具制造
		219	其他家具制造
22	造纸和纸制品业	222	造纸
		223	纸制品制造
23	印刷和记录媒介复制业	231	印刷
		232	装订及印刷相关服务
		233	记录媒介复制
24	文教、工美、体育和娱乐用品制造业	241	文教办公用品制造
		243	工艺美术及礼仪用品制造
		244	体育用品制造
		245	玩具制造
25		251	2511 原油加工及石油制品制造
			2519 其他原油制造
26	化工行业	261	2611 无机酸制造
			2612 无机碱制造
			2613 无机盐制造
			2614 有机化学原料制造
			2619 其他基础化学原料制造
		262	2621 氮肥制造
			2622 磷肥制造
			2624 复混肥料制造
			2629 其他肥料制造

大类行业代码	行业名称	中类行业代码	行业名称
26	化工行业	263	2631	化学农药制造
			2632	生物化学农药及微生物农药制造
		264	2641	涂料制造
			2642	油墨及类似产品制造
			2643	工业颜料制造
			2644	工艺美术颜料制造
			2645	染料制造
		265	2651	初级形态塑料及合成树脂制造
			2652	合成橡胶制造
			2653	合成纤维单(聚合)体制造
			2659	其他合成材料制造
		266	2661	化学试剂和助剂制造
			2662	专项化学用品制造
			2663	林产化学产品制造
			2664	文化用信息化学品制造
			2665	医学生产用信息化学品制造
			2666	环境污染处理专用药剂材料制造
			2669	其他专用化学产品制造
	其他化学原料和化学品制造业	267	炸药、火工及焰火产品制造
		268	日用化学品制造
27	医药制造业	271	化学药品原料药制造
		272	化学药品制剂制造
		273	中药饮片加工
		274	中成药生产
		275	兽用药品制造
		276	生物药品制品制造
		277	卫生材料及医药用品制造
		278	药用辅料及包装材料
28	化学纤维制造业	281	纤维素原料及制造
		282	合成纤维制造
29	橡胶和塑料制品业	291	橡胶制品业
		292	塑料制品业

续　表

大类行业代码	行业名称	中类行业代码	行业名称
30	非金属矿物制品业	301	水泥、石灰和石膏制造
		302	石膏、水泥制品及类似制品制造
		303	砖瓦、石材等建筑料制造
		304	玻璃制造
		305	玻璃制品制造
		306	玻璃纤维和玻璃纤维增强塑料制品制造
		307	陶瓷制品制造
		308	耐火材料制品制造
		309	石墨及其他非金属矿物制品制造
31	黑色金属冶炼和压延加工业	311	炼铁
		312	炼钢
		313	钢压延加工
		314	铁合金冶炼
32	有色金属冶炼和压延加工业	321	常用有色金属冶炼
		322	贵金属冶炼
		323	稀有稀土金属冶炼
		324	有色金属合金制造
		325	有色金属压延加工
33	金属制品业	331	结构性金属制品制造
		332	金属工具制造
		333	集装箱及金属包容器制造
		334	金属丝绳及其制品制造
		335	建筑、安全用金属制品制造
		336	金属表面处理及热处理加工
		338	金属制日用品制造
		339	铸造及其他金属制品制造

续　表

大类行业代码	行业名称	中类行业代码	行业名称
34	通用设备制造业	341	锅炉及原动设备制造
		342	金属加工机械制造
		343	物料搬运设备制造
		344	泵、阀门、压缩机及类似机械制造
		345	轴承、齿轮和传动部件制造
		346	烘炉、风机、包装等设备制造
		347	文化、办公用机械制造
		348	通用零部件制造
		349	其他通用设备制造业
35	专业设备制造业	351	采矿、冶金、建筑专用设备制造
		352	化工、木材、非金属加工专用设备制造
		353	食品、酒、饮料及茶生产专用设备制造
		354	印刷、制药、日化及用品生产专用设备制造
		355	纺织、服装和皮革加工专用设备制造
		356	电子和电工机械专用设备制造
		357	农、林、牧、渔专用机械制造
		358	医疗仪器设备器械制造
		359	环保、邮政、社会公共服务及其他专用设备制造
36	汽车制造业	361	汽车整车制造
		362	汽车用发动机制造
		363	改装汽车制造
		367	汽车零部件及配件制造
37	铁路、船舶航空航天和其他运输设备制造业	371	铁路运输设备制造
		372	城市轨道交通设备制造
		373	船舶及相关装置制造
		374	航空航天器及设备制造
		375	摩托车制造
		376	自行车和残疾人座车制造
		377	助动车制造
		379	潜水救捞及其他未列明运输设备制造

大类行业 代码	行业名称	中类行业 代码	行业名称
38	电气机械和 器材制造业	381	电机制造
		382	输配电及控制设备制造
		383	电线、电缆、光缆及电工器材制造
		384	电池制造
		385	家用电力器具制造
		386	非电力家用器具制造
		387	照明器具制造
		389	其他电气机械及器材制造
39	计算机、通信 和其他电子 设备制造业	391	计算机制造
		392	通信设备制造
		393	广播电视设备制造
		395	非专业视听设备制造
		396	智能消费设备制造
		397	电子器件制造
		398	电子元件及电子专用材料制造
		399	其他电子设备制造
40	仪器仪表制造业	401	通用仪器仪表制造
		402	专用仪器仪表制造
		404	光学仪器制造
		409	其他仪器仪表制造业
41	其他制造业	411	日用杂品制造

注:42 废弃资源综合利用业和 44 电力、热力生产和供应业等配套基础设施行业不列入重点行业,化工分类参考《江苏省化工产业安全环保整治提升方案》附件 3。

C.2　重点行业环境效率因素分值

C.2.1　计算法

典型区域重点行业环境效率计算推荐采用生命周期分析法、多准则决策法、随机前沿分析法等,需综合考虑经济价值、资源消耗、环境影响等因素。

资料来源:区域年鉴或统计年鉴、污染物最终外排环境数据(如污染物普查数据或环境统计数据等)。

C.2.2　引用法

典型区域重点行业环境效率基准值可直接引用"表 C.2　江苏省太湖流域重点行业环境效率基准值表"。该表采用数据包络分析法(属于随机前沿分析法中的非参数法)计算得到太湖流域重点行业环境效率,以所得环境效率最高分值为 100 分,转换各重点行业百分制得分,最终计算得到某典型区域重点行业环境效率得分。

表 C.2　江苏省太湖流域重点行业环境效率基准值表

重点行业		环境效率得分 (百分制)
行业代码	名称	
13	农副食品加工业	36.8
14	食品制造业	17.2
15	酒、饮料和精制茶制造业	1.8
17	纺织业(含印染)	2.4
	纺织业(不含印染)	3.7
18	纺织服装、服饰业	92.3
19	皮革、毛羽及其制品和鞋业	9.4
20	木材加工和木、竹、藤、棕、草制品业	18.2
21	家具制造业	94.2
22	造纸和纸制品业	1.1
23	印刷和记录媒介复制业	35.9
24	文教、工美、体育和娱乐用品制造业	94.3
25/26	化工行业	6.0
26	其他化学原料和化学品制造业	95.3
27	医药制造业	9.5
28	化学纤维制造业	16.1
29	橡胶和塑料制品业	96.7
30	非金属矿物制品业	7.8
31	黑色金属冶炼和压延加工业	13.0
32	有色金属冶炼和压延加工业	12.5

续　表

重点行业		环境效率得分 （百分制）
行业代码	名称	
33	金属制品业	9.8
34	通用设备制造业	92.3
35	专业设备制造业	16.9
36	汽车制造业	97.1
37	铁路、船舶、航空航天和其他运输设备制造业	26.2
38	电气机械和器材制造业	24.9
39	计算机、通信和其他电子设备制造业	13.0
40	仪器仪表制造业	100.0
41	其他制造业	30.6

C.3　重点行业污染物排放标准因素分值

典型区域重点行业污染物排放标准得分引用"表C.3"推荐值。

表C.3　江苏省太湖流域重点行业污染物排放标准得分推荐表

重点行业		污染物排放标准得分（百分制）			
行业代码	名称	COD	氨氮	总氮	总磷
13	农副食品加工业	79.0	67.8	80.0	100.0
14	食品制造业	94.8	84.7	100.0	100.0
15	酒、饮料和精制茶制造业	79.0	67.8	80.0	100.0
17	纺织业（含印染）	94.8	84.7	80.0	100.0
	纺织业（不含印染）	84.2	84.7	78.0	100.0
18	纺织服装、服饰业	79.0	67.8	80.0	100.0
19	皮革、毛羽及其制品和鞋业	79.0	67.8	80.0	100.0
20	木材加工和木、竹、藤、棕、草制品业	79.0	67.8	80.0	100.0
21	家具制造业	79.0	67.8	80.0	100.0
22	造纸和纸制品业	100.0	84.7	66.7	100.0
23	印刷和记录媒介复制业	79.0	67.8	80.0	100.0
24	文教、工美、体育和娱乐用品制造业	79.0	67.8	80.0	100.0

续　表

重点行业		污染物排放标准得分(百分制)			
25/26	化工行业	82.5	100.0	96.0	100.0
26	其他化学原料和化学品制造业	94.8	84.7	100.0	100.0
27	医药制造业	79.0	67.8	80.0	100.0
28	化学纤维制造业	79.0	67.8	80.0	100.0
29	橡胶和塑料制品业	79.0	67.8	80.0	100.0
30	非金属矿物制品业	79.0	67.8	80.0	100.0
31	黑色金属冶炼和压延加工业	63.2	84.7	100.0	100.0
32	有色金属冶炼和压延加工业	79.0	67.8	80.0	100.0
33	金属制品业	79.0	84.7	100.0	100.0
34	通用设备制造业	79.0	67.8	80.0	100.0
35	专业设备制造业	79.0	67.8	80.0	100.0
36	汽车制造业	79.0	67.8	80.0	100.0
37	铁路、船舶、航空航天和其他运输设备制造业	79.0	67.8	80.0	100.0
38	电气机械和器材制造业	79.0	67.8	80.0	100.0
39	计算机、通信和其他电子设备制造业	79.0	67.8	80.0	100.0
40	仪器仪表制造业	79.0	67.8	80.0	100.0
41	其他制造业	79.0	67.8	80.0	100.0

C.4　重点行业产业经济政策及行业发展规划因素分值

采用"五点法"对典型区域重点行业的产业经济政策/行业发展规划进行量化打分,考虑以下 10 个政策因素,表格中 10 个政策考虑因素的总分加合(百分制)即该重点行业的产业经济政策及行业发展规划得分。

表 C.4　重点行业产业经济政策及行业发展规划打分表

序号	考虑因素	2分	4分	6分	8分	10分
1	国家产业政策调整名录要求					
2	江苏省工业和信息产业结构调整指导目录					

续　表

序号	考虑因素	2 分	4 分	6 分	8 分	10 分
3	太湖流域管理条例					
4	区域产业准入要求					
5	区域主导支柱产业					
6	落后产能/过剩产能(占比越大,得分越低)					
7	区域先进制造业/战略性新兴产业相符性(占比越大,得分越高)					
8	区域经济产值贡献能力					
9	稳定就业/促就业能力					
10	对产业结构调整的促进能力					
	合计总分					

C.5　重点行业综合得分计算方法

采用多目标加权评分法,重点行业可根据环境效率、污染物排放标准以及各层面产业经济政策和行业发展规划等因素具体得分,计算得到重点行业间各因素影响强度;采用专家打分形式确定各因素权重(Y_1,Y_2,Y_3,$Y_1+Y_2+Y_3=100$),通过各重点行业各因素百分制得分与各因素权重加权评分,可得到区域重点行业各污染因子综合得分 TS_i。

表 C.5　典型区域重点行业因素得分及允许排放量加权得分计算表

行业	水污染因子	环境效率 $Y_1=60$	产业经济政策及行业发展规划 $Y_2=30$	污染物排放标准 $Y_3=10$	总分 合计 100
行业 a	COD	S_{a1}	S_{a2}	$S_{a3\text{-COD}}$	$TS_{a3\text{-COD}}$
	氨氮			$S_{a3\text{-氨氮}}$	$TS_{a3\text{-氨氮}}$
	总氮			$S_{a3\text{-总氮}}$	$TS_{a3\text{-总氮}}$
	总磷			$S_{a3\text{-总磷}}$	$TS_{a3\text{-总磷}}$
行业 b	COD	S_{b1}	S_{b2}	$S_{b3\text{-COD}}$	$TS_{b3\text{-COD}}$
	氨氮			$S_{b3\text{-氨氮}}$	$TS_{b3\text{-氨氮}}$
	总氮			$S_{b3\text{-总氮}}$	$TS_{b3\text{-总氮}}$
	总磷			$S_{b3\text{-总磷}}$	$TS_{b3\text{-总磷}}$

续　表

行业	水污染因子	环境效率 $Y_1=60$	产业经济政策及 行业发展规划 $Y_2=30$	污染物排放标准 $Y_3=10$	总分 合计 100
行业 c	COD	S_{c1}	S_{c2}	$S_{c3\text{-COD}}$	$TS_{c3\text{-COD}}$
	氨氮			$S_{c3\text{-氨氮}}$	$TS_{c3\text{-氨氮}}$
	总氮			$S_{c3\text{-总氮}}$	$TS_{c3\text{-总氮}}$
	总磷			$S_{c3\text{-总磷}}$	$TS_{c3\text{-总磷}}$
行业 i	COD	S_{i1}	S_{i2}	$S_{i3\text{-COD}}$	$TS_{i3\text{-COD}}$
	氨氮			$S_{i3\text{-氨氮}}$	$TS_{i3\text{-氨氮}}$
	总氮			$S_{i3\text{-总氮}}$	$TS_{i3\text{-总氮}}$
	总磷			$S_{i3\text{-总磷}}$	$TS_{i3\text{-总磷}}$
行业 n	COD	S_{n1}	S_{n2}	$S_{n3\text{-COD}}$	$TS_{n3\text{-COD}}$
	氨氮			$S_{n3\text{-氨氮}}$	$TS_{n3\text{-氨氮}}$
	总氮			$S_{n3\text{-总氮}}$	$TS_{n3\text{-总氮}}$
	总磷			$S_{n3\text{-总磷}}$	$TS_{n3\text{-总磷}}$

注：S_i 均为百分制得分。

假设该区域共筛选出 n 个重点行业，分别为重点行业 a、重点行业 b、重点行业 c……重点行业 n，各重点行业考虑环境效率、产业经济政策及行业发展规划和水污染物排放标准后，最终加权得分计算方法如式（C.1）：

$$TS_i = Y_1 \times S_{i1} + Y_2 \times S_{i2} + Y_3 \times S_{i3} \qquad (C.1)$$

式中，TS_i 为重点行业 i 三大因素最终加权得分；S_{i1} 为重点行业 i 环境效率因素得分；S_{i2} 为重点行业 i 产业经济政策及行业发展规划因素得分；S_{i3} 为重点行业 i 污染物排放标准三因素得分。

参考文献

［1］ 李蜀庆,李谢玲,伍溢春,等.我国水环境容量研究状况及其展望[J].高等建筑教育, 2007(3):58-61.

［2］ 于雷,吴舜泽,徐毅.我国水环境容量研究应用回顾及展望[J].环境保护,2007(6):46-48+57.

［3］ 张永良,洪继华,夏青,等.我国水环境容量研究与展望[J].环境科学研究,1988(1):73-81.

［4］ 郑含笑,杜勇.可持续发展战略下我国城市河流水环境容量研究[J].安徽农业科学, 2012(9):5478-5480.

［5］ 鲍全盛,王华东,曹利军.中国河流水环境容量区划研究[J].中国环境科学,1996(2):87-91.

［6］ 水文.我国第一部水环境容量方面的工具书《水环境容量保护利用综合手册》开始编写工作[J].交通环保,1988(6):24.

［7］ 夏新波,李艳坤.城市河道水环境生态综合治理措施研究[J].中国高新科技,2021(6): 134-135.

［8］ 淦家伟,杨洋,马巍,等.滇池流域水环境承载力及其提升方案研究[J].人民长江,2021 (8):38-43+49.

［9］ 徐博文,逢勇,胥瑞晨,等.基于城南河同步监测与水环境模型的区域水环境容量研究 [J].环境科技,2021,34(3):13-18.

［10］ 张秀菊,王宝斌,徐小溪,等.动态水环境容量研究——以潇河流域为例[J].中国农村水利水电,2022(2):20-26+33.

［11］ 刘兰芬,张祥伟,夏军.河流水环境容量预测方法研究[J].水利学报,1998(7):17-21.

［12］ 代文江,李峥,李双强,等.湟水河流域水环境现状及精准治理措施研究[J].吉林水利, 2021(7):57-62.

［13］ 杨博林,陈倩倩,夏伟.基于 MIKE21 模型的汤逊湖水质水量模拟研究[J].绿色科技, 2021(16):29-38.

[14] 彭逸喆,黄凤莲,姜苹红,等.基于地表水环境容量的湖南工业废水铊污染物排放控制研究[J].生态环境学报,2020(10):2070-2080.

[15] 李冰阳,韩龙喜,陈丽娜.基于丰水、枯水期点源、面源水污染特征的水环境容量计算方法——以太湖流域某水系为例[J].环境保护科学,2021(3):100-105.

[16] 胡怡,王金华,孙路,等.基于环境影响的通州湾港区规划方案优化[J].水运工程,2021(9):60-65+92.

[17] 胡开明,娄明月,冯彬,等.江苏省水环境容量计算及总量控制目标可达性研究[J].环境与发展,2021(1):103-111.

[18] 胡秀芳,袁信,邓仁贵,等.寇河水质时空变化分析及达标水环境容量计算[J].东北水利水电,2021(8):22-24+27.

[19] 晋燚铠.辽河干流水环境容量与污染物总量控制研究[D].大连:大连理工大学,2021.

[20] 张万顺,李琳,彭虹,等.面向水环境改善的城市河网动态环境容量[J].水资源保护,2022(1),167-175.

[21] 卢蕾吉,王兴楠.杞麓湖流域水环境承载能力分析及综合对策[J].环境科学导刊,2021(4):28-30.

[22] 黄乐.水环境容量与目标削减量测算方法研究——以重庆市梁滩河为例[J].三峡生态环境监测,2020(4):65-72.

[23] 洪夕媛,雷坤,孙明东,等.永定河流域张家口段水质模拟及水环境容量研究[J].环境污染与防治,2021(10):1249-1254+1262.

[24] 陈兴伟,刘梅冰.感潮河道水环境容量理论及计算的若干问题[J].福建师范大学学报(自然科学版),2006(2):104-108.

[25] 杨国录,陆晶,骆文广,等.水环境容量研究共识问题探讨[J].华北水利水电大学学报(自然科学版),2018(4):1-6.

[26] 张宇楠,赵文晋.水环境容量总量分配存在的问题及建议[J].科学技术与工程,2010(4):1088-1092.

[27] 叶常明,丁梅.水污染总量控制应用中的若干问题探讨[J].环境科学,1992(3):91-93+97.

[28] 王刚,吴楠,齐珺,等.我国水环境容量研究现状及问题分析[C]//中国环境科学学会.2014中国环境科学学会学术年会论文集.2014:1237-1242.

[29] 李莲秀.郑州"三化"发展下的水环境容量问题研究[J].黄河科技大学学报,2014(3):67-70.

[30] 袁群.数据包络分析法应用研究综述[J].经济研究导刊,2009(19):201-203.

[31] 孙加森.数据包络分析(DEA)的交叉效率理论方法与应用研究[D].合肥:中国科学技术大学,2014.

[32] 王玲.环境效率测度的比较研究[D].重庆:重庆大学,2014.

[33] 周志翔.整数DEA理论、方法及其应用研究[D].合肥:中国科学技术大学,2014.

[34] 朱晓东.中国高等教育供给效率研究[D].武汉:武汉理工大学,2014.

[35] 王瑞峰.粮食进口对中国粮食安全的影响及保障效率研究[D].哈尔滨:东北农业大学,2019.

[36] 昂胜.区间型交叉效率评价方法与加性多阶段 DEA 模型研究[D].合肥:中国科学技术大学,2015.

[37] 石晓.网络 DEA 理论方法与应用研究[D].合肥:中国科学技术大学,2016.

[38] 李伟.基于模糊 DEA 方法的供应链池融资信用风险评估[D].上海:复旦大学,2011.

[39] 陈敏.我国商业银行绩效评价浅析——基于 AHP‐DEA 模型[D].合肥:安徽大学,2014.

[40] 吴妍.基于 Super-EBM-DEA 模型的上市公司并购绩效研究[D].合肥:安徽财经大学,2021.

[41] 侯文慧.基于固定和产出的 Malmquist-DEA 方法研究[D].合肥:中国科学技术大学,2021.

[42] 李梦雅.基于 DEA-Tobit 模型的我国数字经济发展效率研究[D].石家庄:河北经贸大学,2021.

[43] 董巧珍.我国工业水资源利用效率及影响因素分析[D].杭州:浙江财经大学,2018.

[44] 王芳.火电行业环境效率地区差异及影响因素研究[D].北京:华北电力大学,2014.

[45] 戴攀.电力行业环境效率评价及碳减排综合优化研究[D].杭州:浙江大学,2013.

[46] 袁荷,仇方道,朱传耿,等.江苏省工业环境效率时空格局及影响因素[J].地理与地理信息科学,2017(5):112-118.

[47] 李博.中国工业环境能源效率研究[D].兰州:兰州大学,2016.

[48] 陈丽莉.中国钢铁企业效率与污染物配额分配研究[D].北京:北京科技大学,2018.

[49] 王艳.运用 DEA 模型分析城市商业银行运营效益[J].金融理论与教学,2021(3):12-15+28.

[50] 马浩然,程可仁,陈宏捷,等.医疗数字化平台的应用对于提高医疗效率的分析——基于 DEA 模型[J].河北企业,2021(7):20-23.

[51] 陈志祥,王宏.基于 DEA 模型的德国纺织服装业技术创新效率研究[J].中国市场,2019(16):51-53+64.

[52] 赵开元.基于 DEA-MaLmquist 指数的纺织业绿色发展效率评价方法研究[D].天津:天津工业大学,2019.

[53] 乔雅洁.基于三阶段 DEA 分析的农业产业规模经营效率评价[J].山西农业科学,2021(8):1006-1012.

[54] 林伟敏.基于 DEA-Malmquist 指数的四川省农业生产效率差异分析[J].当代农村财经,2021(7):19-24.

[55] 韩琦霏.基于 DEA 的郑州航空港经济效率评价研究[J].企业科技与发展,2021(1):142-144.

[56] 沈正舜.基于 DEA 的奥运短期经济影响的相对效率评价[C]//江苏省外国经济学说研究会.江苏省外国经济学说研究会 2010 年学术年会论文集.2010:202-204.

[57] 杨威,李萌,郭淑岩,等.医院效率数据包络分析模型有效性评价方法研究[J].华西医学,2020(12):1435-1440.

[58] 魏权龄,卢刚,蒋一清,等.DEA 方法在企业经济效益评价中的应用[J].统计研究,1990(2):58-62.

[59] 王海燕,于荣,郑继媛,等.DEA-Gini 准则在城市公共交通企业绩效评价中的应用[J].系统工程理论与实践,2012(5):1083-1090.

[60] 郭存芝,彭泽怡,丁继强.可持续发展综合评价的 DEA 指标构建[J].中国人口·资源与环境,2016(3):9-17.

[61] 王欢.我国蔬菜生产效率及其时空效应研究[D].北京:中国农业大学,2018.

[62] 吴鸣然,马骏.中国区域生态效率测度及其影响因素分析——基于 DEA-Tobit 两步法[J].技术经济,2016(3):75-80+122.

[63] 尹洁,刘玥含,李锋.创新生态系统视角下我国高新技术产业创新效率评价研究[J].软科学,2021(9):53-60.

[64] 穆丽娟.我国海洋生态经济可持续发展评估及风险预警研究[D].青岛:中国海洋大学,2015.

[65] 王萌,徐湘博,张梅,等.区域能源效率测算及影响分析——基于三阶段 DEA 方法[J].环境保护科学,2021(1):28-35.

[66] 赵聚辉,贺文昱.东北三省 211 及省部共建高校与其他本科高等院校科研绩效评价研究——基于 DEA-Malmquist 模型[J].科技与经济,2021(3):16-20.

[67] 王瑞.创新驱动战略下高校科研经费绩效研究——基于 DEA-Malmquist 指数的省级动态面板数据分析[J].现代商贸工业,2021(27):85-86.

[68] 曹敏杰.中小保险企业核心竞争力评价研究[D].咸阳:西北农林科技大学,2008.

[69] 刘凤朝,张娜,赵良仕.东北三省高技术制造产业创新效率评价研究——基于两阶段网络 DEA 模型的分析[J].管理评论,2020(4):90-103.

[70] 李霞.我国能源综合利用效率评价指标体系及应用研究[D].武汉:中国地质大学,2013.

[71] 刘野.基于综合 DEA 评价模型的我国"985"高校科研绩效评价研究[D].哈尔滨:哈尔滨工程大学,2013.

[72] 宋雅晴.安徽省区域环境效率差异及影响因素研究[J].合肥师范学院学报,2016(6):10-14.

[73] 胡环.低碳视角下的皖江城市带环境效率研究[D].马鞍山:安徽工业大学,2013.

[74] 戴攀,陈光,刘田,等.基于 DEA 的电力行业环境绩效测度模型[J].湖南大学学报(自然科学版),2013(10):71-77.

[75] 王连芬,彭娅.工业环境效率测算及其在行业分类管理中的应用[J].统计与决策,2016

(17):73-78.

[76] 徐伍凤.湖南省区域环境效率评价及其影响因素的实证研究[J].区域金融研究,2017(5):67-72.

[77] 王唯薇,杨文芳.环境效率、能源效率与经济社会发展协调度[J].生态经济(学术版),2012(2):94-98.

[78] 宋马林.环境效率评价方法及其统计属性研究[D].合肥:中国科学技术大学,2011.

[79] 胡妍,李巍.区域用水环境经济综合效率及其影响因素——基于 DEA 和 Malmquist 指数模型[J].中国环境科学,2016(4):1275-1280.

[80] 孙平平.中国工业环境效率的差异及影响因素研究[D].长沙:湖南大学,2012.

[81] 徐向浩.基于数据包络分析的纺织印染厂环境效率评价研究[D].杭州:杭州电子科技大学,2012.

[82] 韩远迪.炼油企业生产的综合能源效率评价研究[D].北京:北京化工大学,2013.

[83] 刘颖斐.青虾池塘养殖环境效率探析[J].水产养殖,2018(3):39-40.

[84] 徐晔,周才华.我国生物医药产业环境技术效率测度区域比较研究[J].江西财经大学学报,2013(5):24-34.

[85] 卜庆才.物质流分析及其在钢铁工业中的应用[D].沈阳:东北大学,2005.

[86] 范玉仙,袁晓玲.中国电力行业环境技术效率及影响因素研究——基于 1995—2012 年省级面板数据[J].北京理工大学学报(社会科学版),2015(4):57-66.

[87] 殷子涵,雷明,虞晓雯.中国钢铁行业能源环境效率分析——基于工业企业微观数据[J].中国管理科学,2014(S1):691-697.

[88] 姜静.中国农业环境效率测算及影响因素研究[D].长沙:湖南农业大学,2016.

[89] 董莉.中国医药制造业生态效率评价研究[J].石家庄经济学院学报,2016(4):93-97.

[90] 段思聪.河北省流域水环境优先控制污染物筛选方法研究[J].煤炭与化工,2017(11):146-150+160.

[91] 宋利臣,叶珍,马云,等.潜在危害指数在水环境优先污染物筛选中的改进与应用[J].环境科学与管理,2010(9):20-22.

[92] 李雪松,孙博文.基于层次分析的城市水环境治理综合效益评价——以武汉市为例[J].地域研究与开发,2013(4):171-176.

[93] 邓大鹏,刘刚,李学德,等.湖泊富营养化综合评价的坡度加权评分法[J].环境科学学报,2006(8):1386-1392.

[94] 王冰,苏鹏,张永,等.应用综合指数法评价北京市二次供水水质[J].首都公共卫生,2021(3):176-179.

[95] 李沫蕊,王亚飞,王金生,等.下辽河平原区域地下水典型污染物的筛选[J].中国环境监测,2015(3):62-69.

[96] 吴文俊,蒋洪强,段扬,等.基于环境基尼系数的控制单元水污染负荷分配优化研究[J].中国人口·资源与环境,2017(5):8-16.

[97] 蔺照兰,王汝南,王春梅.基于基尼系数的乌梁素海流域污染负荷分配[J].环境污染与防治,2011(9):19-24.

[98] 秦迪岚,韦安磊,卢少勇,等.基于环境基尼系数的洞庭湖区水污染总量分配[J].环境科学研究,2013(1):8-15.

[99] 刘奇,李智,姚刚.基于基尼系数的水污染物总量分配公平性研究[J].中国给水排水,2016(11):90-94.

[100] 黄良辉,蒋岳青,彭兵,等.基尼系数法在惠州市水污染物总量负荷分配中的应用[J].湖南工业大学学报,2007(4):80-83.

[101] 李泽琪,张玥,王晓燕,等.基于不同层级排污单元的水污染负荷分配方法[J].资源科学,2018(7):1429-1437.

[102] 何慧爽.我国水污染物总量分配公平性与贡献因子研究——以绿色贡献和环境容量负荷为视角[J].资源开发与市场,2015(2):188-190+203+258.

[103] 李睿.天津市水污染物总量分配方法研究[D].天津:天津大学,2007.

[104] 舒琨.水污染负荷分配理论模型与方法研究[D].合肥:合肥工业大学,2010.

[105] 夏丽爽.水环境污染物总量优化分配方法及业务化应用研究[D].哈尔滨:哈尔滨师范大学,2017.

[106] 杨占红,罗宏,吕连宏,等.城市工业COD总量优化分配研究[J].中国人口·资源与环境,2010(3):124-129.

[107] 王宪恩,赵婧辰,解品磊,等.市场经济下我国初始排污权差异性公平分配模式构建及其实现[J].商业经济研究,2016(16):120-121.

[108] 董战峰,裘浪,郝春旭,等.松花江流域水污染物总量分配研究[J].生态经济,2016(1):152-155.